深度学习框架
及系统部署实战 微课视频版

袁雪 编著

清华大学出版社
北京

内容简介

在数字化时代,嵌入式人工智能系统和深度学习等技术变得越来越重要。在嵌入式平台上进行深度学习推理时会受到计算能力、存储空间、能耗等资源限制的挑战。本书从深度学习模型在资源受限的硬件平台上部署的角度,介绍嵌入式 AI 系统的基本概念、需求、挑战,以及其软硬件解决方案。

本书共分为 7 章。第 1 章介绍了边缘计算;第 2 章介绍了嵌入式 AI 系统的基本概念及其面临的需求与挑战;第 3 章介绍了嵌入式 AI 系统的硬件解决方案;第 4~6 章介绍了嵌入式 AI 系统的软件解决方案,包括 DNN 模型的构建及实现、轻量级 DNN 模型的构建、模型轻量化方法及实现;第 7 章介绍了 DNN 模型的硬件部署。本书提供了基于 Python 语言和 Torch API 的大量代码解析,并针对 Intel 系列和 NVIDIA 系列芯片的硬件部署分别进行介绍。

本书适合作为高等院校计算机专业、软件工程专业的教材,也可供对深度学习、计算机视觉、嵌入式 AI 系统等感兴趣的开发人员、广大科技工作者和研究人员参考。

本书封面贴有清华大学出版社防伪标签,无标签者不得销售。
版权所有,侵权必究。举报: 010-62782989, beiqinquan@tup.tsinghua.edu.cn。

图书在版编目(CIP)数据

深度学习框架及系统部署实战: 微课视频版/袁雪编著. —北京: 清华大学出版社, 2023.10
国家级实验教学示范中心联席会计算机学科组规划教材
ISBN 978-7-302-64729-4

Ⅰ.①深… Ⅱ.①袁… Ⅲ.①机器学习—教材 Ⅳ.①TP181

中国国家版本馆 CIP 数据核字(2023)第 190078 号

责任编辑: 郑寅堃
封面设计: 刘 键
责任校对: 徐俊伟
责任印制: 宋 林

出版发行: 清华大学出版社
    网　　址: http://www.tup.com.cn, http://www.wqbook.com
    地　　址: 北京清华大学学研大厦 A 座　　邮　编: 100084
    社 总 机: 010-83470000　　邮　购: 010-62786544
    投稿与读者服务: 010-62776969, c-service@tup.tsinghua.edu.cn
    质量反馈: 010-62772015, zhiliang@tup.tsinghua.edu.cn
    课件下载: http://www.tup.com.cn, 010-83470236
印 装 者: 三河市铭诚印务有限公司
经　　销: 全国新华书店
开　　本: 185mm×260mm　　印　张: 7.75　　字　数: 197 千字
版　　次: 2023 年 10 月第 1 版　　印　次: 2023 年 10 月第 1 次印刷
印　　数: 1~1500
定　　价: 34.90 元

产品编号: 094462-01

前言

全球正在进入数字化新时代,以云计算、大数据、人工智能与物联网为代表的数字技术已经快速发展。数字化时代的到来使得深度学习和嵌入式人工智能技术变得越来越重要。嵌入式人工智能是指设备可以在不依赖于互联网且不通过云端数据中心的情况下进行智能计算,利用本地的计算资源来实现深度学习模型的推理。嵌入式人工智能可以完成实时的环境感知、人机交互和决策控制。然而,在嵌入式平台上进行深度学习推理时,由于算力、能耗、存储空间等方面的限制,人工智能系统在推理环节会遇到许多挑战。本书旨在介绍深度学习模型如何在嵌入式平台上完成部署,包括软硬件两个方面。本书介绍的内容有边缘计算、人工智能计算芯片、常用的深度卷积神经网络模型、轻量级深度卷积神经网络、深度学习模型轻量化的方法以及深度学习模型的硬件部署。

本书采用结构性思维,提供多张框图,使整书脉络清晰、环环相扣,读者可以快速把握本书的结构脉络并关注细节。另外,书中采用大量生动的图表来说明枯燥的理论,并引用大量的实验结果比较不同方法之间的性能差异,这些都可以让一本枯燥的技术书籍更加易于理解。作者从大量的科研论文中寻找相关资料,并将论文中看起来比较枯燥的公式、图、表变得更有趣、易懂。同时,本书采用简洁、平实并且有趣的方式来叙述,采用结构图、原理图来表达比较复杂的理论或公式。本书可以帮助读者快速建立起知识体系。

本书提供了可运行的代码示例,注释清晰、详细,配备视频教程,并附有相关注释,为读者打造全方位的学习体验,使读者在建立知识体系的同时掌握算法设计、模型压缩以及模型部署的方法。近年来,作者在承担40余项与人工智能系统研发相关的科研项目,并成功研制多款计算机视觉产品的过程中,深刻感受到在深度学习模型部署方面可用于系统性学习的相关资料非常有限。作者在查阅大量英文论文、产品说明书、Facebook官网、NVIDIA官网、Intel官网及相关博文等的基础上,完成了本书的撰写,希望为人工智能从业人员、初学者,以及希望系统性开始人工智能领域学习的朋友提供帮助。

感谢北京交通大学的同事和学生们的积极参与,感谢你们针对本书理论内容和实践代码提出的宝贵建议、意见和测试反馈,让本书内容更显精彩。

目 录

第 1 章　边缘计算 ……………………………………………… 1
  1.1　云计算与边缘计算 …………………………………… 2
  1.2　边缘计算的挑战 ……………………………………… 5
    1.2.1　DNN 模型设计 ………………………………… 5
    1.2.2　DNN 模型轻量化 ……………………………… 6
    1.2.3　硬件优化部署 ………………………………… 6
  1.3　云-边-端任务协作 …………………………………… 7
  1.4　本章小结 ……………………………………………… 7
  1.5　习题 …………………………………………………… 7

第 2 章　嵌入式 AI 系统 ……………………………………… 8
  2.1　嵌入式 AI 系统的概念 ……………………………… 9
  2.2　嵌入式 AI 系统的硬件结构 ………………………… 11
  2.3　嵌入式 AI 系统的软件结构 ………………………… 11
    2.3.1　驱动层 ………………………………………… 12
    2.3.2　操作系统层 …………………………………… 12
    2.3.3　中间件层 ……………………………………… 12
    2.3.4　应用层 ………………………………………… 12
  2.4　嵌入式深度学习技术 ………………………………… 12
  2.5　嵌入式 AI 系统的应用 ……………………………… 13
    2.5.1　车载辅助驾驶系统 …………………………… 13
    2.5.2　无人机智能巡检系统 ………………………… 14
    2.5.3　VR 设备 ………………………………………… 14
  2.6　嵌入式 AI 系统的需求与挑战 ……………………… 14
  2.7　本章小结 ……………………………………………… 14
  2.8　习题 …………………………………………………… 14

第3章 嵌入式AI系统的硬件解决方案 ... 15
3.1 通用类芯片——GPU ... 17
3.2 半定制化芯片——FPGA ... 18
3.3 全定制化芯片——ASIC ... 20
3.4 类脑芯片 ... 20
3.5 对四大类型AI芯片的总结与展望 ... 21
3.5.1 对AI芯片的总结 ... 21
3.5.2 对AI芯片的展望 ... 21
3.6 本章小结 ... 22
3.7 习题 ... 23

第4章 深度卷积神经网络(DCNN)模型的构建及实现 ... 24
4.1 神经网络的概念及发展历史 ... 25
4.1.1 神经元的结构 ... 25
4.1.2 感知机 ... 26
4.1.3 BP算法 ... 26
4.1.4 神经网络的发展历史 ... 27
4.2 深度卷积神经网络(DCNN) ... 28
4.2.1 深度学习的概念 ... 28
4.2.2 DCNN的概念 ... 29
4.2.3 DCNN的构成 ... 29
4.2.4 DCNN的训练 ... 33
4.3 几种常用的DNN模型结构 ... 35
4.3.1 AlexNet ... 35
4.3.2 VGG ... 37
4.3.3 GoogLeNet ... 39
4.3.4 ResNet ... 42
4.3.5 网络模型对比 ... 45
4.3.6 迁移学习 ... 46
4.4 图像识别项目实战 ... 46
4.5 本章小结 ... 48
4.6 习题 ... 48

第5章 轻量级DCNN模型 ... 49
5.1 MobileNet系列 ... 50
5.1.1 MobileNet V1 ... 50
5.1.2 MobileNet V2 ... 54
5.1.3 MobileNet V3 ... 56
5.2 ShuffleNet系列 ... 58
5.2.1 ShuffleNet V1 ... 58

		5.2.2 ShuffleNet V2	60
5.3	轻量级 DCNN 模型对比		62
5.4	项目实战		62
		5.4.1 MobileNet V3 模型构建	62
		5.4.2 ShuffleNet V2 模型构建	69
5.5	本章小结		71
5.6	习题		71
第 6 章	**深度学习模型轻量化方法及实现**		**72**
6.1	网络模型剪枝		73
		6.1.1 基本原理	73
		6.1.2 网络模型的剪枝分类	73
		6.1.3 剪枝标准	74
		6.1.4 剪枝流程	75
		6.1.5 代码实现	76
6.2	参数量化		79
		6.2.1 基本原理	79
		6.2.2 参数量化算法的分类	80
		6.2.3 参数量化流程	80
		6.2.4 代码实现	82
6.3	知识蒸馏法		89
		6.3.1 基本原理	89
		6.3.2 知识蒸馏算法流程	89
		6.3.3 代码实现	91
6.4	本章小结		93
6.5	习题		94
第 7 章	**AI 模型的硬件部署**		**95**
7.1	开放神经网络交换(ONNX)格式		96
		7.1.1 ONNX 模型	97
		7.1.2 Torch 模型转 ONNX 模型实例	98
		7.1.3 ONNX 工作原理	100
		7.1.4 ONNX 模型推理	100
		7.1.5 推理速度对比	104
7.2	Intel 系列芯片部署方法		104
		7.2.1 OpenVINO 的简介	104
		7.2.2 OpenVINO 的安装	106
		7.2.3 OpenVINO 工作流程	106
		7.2.4 OpenVINO 推理示例	107
7.3	NVIDIA 系列芯片部署方法		110
		7.3.1 TensorRT 的简介	110

  7.3.2　TensorRT 的安装 …………………………………………………………… 111
  7.3.3　TensorRT 模型转换 …………………………………………………………… 112
  7.3.4　部署 TensorRT 模型 …………………………………………………………… 112
7.4　本章小结 ……………………………………………………………………………… 115
7.5　习题 …………………………………………………………………………………… 116

第 1 章

边缘计算

CHAPTER *1*

本章学习目标
- 云计算与边缘计算
- 边缘计算的挑战
- 云-边-端任务协作

视频讲解

深度学习技术在计算机视觉、自然语言处理和语音识别等应用领域取得了巨大的成功，逐渐成为人工智能（Artificial Intelligence，AI）系统的关键构成。但深度神经网络（Deep Neural Network，DNN）在推理阶段需要非常多的参数参与计算，尤其当输入数据具有较高的维数（例如图像数据）时，一般需要执行数亿次操作，因此对计算资源的要求较高。现有的智能手机、智能眼镜、可穿戴设备、自动驾驶汽车和智能机器人等终端为了满足DNN的计算需求，多采用云端训练及云端推理的方式，如图1-1所示。这种方式首先需要将数据从网络边缘的数据源上传到云端，再通过云端完成DNN的推理，这种将数据从数据源迁移到云端的解决方案将带来以下几个问题。

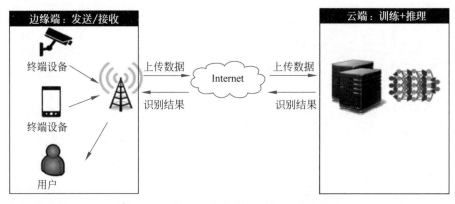

图1-1 从数据源迁移到云端的AI系统方案

（1）响应延迟：实时推理对于许多AI系统的应用都是至关重要的。例如，自动驾驶汽车需要将采集的路况图片进行快速处理，并及时反馈障碍物及路况信息给控制系统；基于语音识别的辅助应用系统需要快速获取并理解用户的要求，从而做出响应。如果利用从数据源迁移到云端的方式完成推理将会导致额外的排队和网络传输带来的延迟，例如，将图像从设备端上传到云端并执行推理需要200 ms以上，无法满足交互式应用场景的低延迟要求。

（2）伸缩性：随着连接设备数量的大幅增加，特别是带宽密集型数据源（如视频流），对云端的访问将成为瓶颈。所有数据都通过网络上传到云端是低效的。

（3）隐私性：向云端发送数据，并在云端集中管理数据可能导致数据的泄露。数据安全不容忽视。

（4）能耗：与云端的无线连接效率很低，会很快耗尽电池电量。对于物联网传感器、可穿戴设备、智能手机及智能眼镜等智能设备而言，能耗大、电池消耗快将给设备的使用带来诸多不便。

因此需要将传感器节点上的推理步骤从云端迁移到边缘端，即采用边缘计算的方式，在数据源头附近就近直接提供计算服务。

1.1 云计算与边缘计算

全球正迈向数字化新时代，以云计算、大数据、AI与物联网为代表的数字技术如火如荼地发展。AI系统的应用需求也逐年增加，传统的从数据源迁移到云端的解决方案已经无法满足 AI 系统"快响应"的需求,将 AI 算法与嵌入式系统相结合,构建嵌入式 AI 系统成为当前的技术热点之一。其提供的边缘计算可以有效地缩小 AI 系统的延迟,大幅增加数据传输带宽,缓解传输网络及云计算中心的压力,同时保护数据的安全与隐私。对比传统的从数据源迁移到云端的解决方案,边缘计算的应用如图 1-2 所示,其优势如表 1-1 所示。本章将介绍边缘计算的概念、发展历程及关键技术。

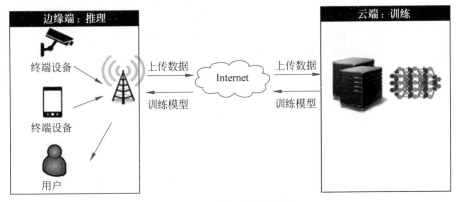

图 1-2 边缘计算的应用

表 1-1 边缘计算的优势

云计算存在的问题	边缘计算的优势
响应延迟	提供靠近终端设备的计算能力
伸缩性差	支持终端设备、边缘计算节点和云数据中心的分层架构,这种架构可以提供计算资源并随客户端数量伸缩
隐私性差	避免上传公共网络及云数据中心

为了解决现有人工智能系统应用时存在的响应延迟问题,边缘计算提供了更接近终端设备的计算能力,使计算资源更接近数据源,从而减少因数据传输而产生的延迟,进一步提高响应速度并增加传输带宽。为了解决系统的伸缩性问题,边缘计算支持如图 1-3 所示的终端设备、边缘计算节点和云计算中心的分层架构,这种架构可以提供计算资源并随客户端数量伸缩,从而避免了云数据中心的网络瓶颈。为了解决现有 AI 系统的隐私性问题,边缘计算使数据能够在接近源的地方进行分析,通过本地的边缘计算节点,避免了上传公共网络及云数据中心的问题,从而减少了隐私和安全攻击的风险。这里的边缘设备,包括智能手机、物联网传感器设备、可穿戴设备、智能眼镜以及边缘计算节点等。图 1-4 展示了云计算、边缘计算、边缘节点、嵌入式系统的关系。

边缘计算最早可以追溯至 1998 年 Akamai 公司提出的内容分发网络(Content Delivery Network,CDN)。CDN 是一种基于互联网的缓存网络,依靠部署在各地的缓存服务器,通过中心平台的负载均衡、内容分发、调度等功能模块,将用户的访问指向最近的缓存服务器上,以此降低网络拥塞,提高用户访问响应速度和命中率。CDN 强调内容(数据)的备份和缓存,而边缘计算的基本思想则是功能缓存。2005 年美国韦恩州立大学团队提出了功能缓存的概念,并将其用在个性化的邮箱管理服务中,以节省延迟和带宽。2009 年 Cloudlet 的概念被提出,Cloudlet 是一个可信且资源丰富的主机,部署在网络边缘并与互联网连接,可以被移动设备访问,为其提供服务。Cloudlet 因其可以像云一样为用户提供服务,又被称为

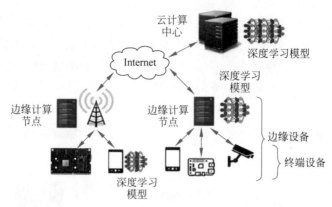

图 1-3 边缘计算支持的分级架构

图 1-4 云计算、边缘计算、边缘节点、嵌入式系统的关系

"小朵云"。此时的边缘计算强调下行,即将云服务器上的功能下行至边缘服务器,以减少带宽和时延。可以说,在 2015 年以前,边缘计算处于原始技术积累阶段;2015—2017 年,边缘计算逐渐被业内熟知,与之相关的论文增长了 10 倍有余,得到了飞速发展;2018 年边缘计算技术开始稳健发展。

虽然边缘计算可以解决现有 AI 云计算系统存在的响应延迟、伸缩性及其隐私性较差的问题,但是在边缘计算框架上实现 DNN 推理仍然面临以下挑战。挑战一:如图 1-3 所示,终端设备及边缘节点包括带有移动处理器的智能手机、嵌入式 AI 设备、带有 GPU 的服务器等。由于对其经济成本、体积、功耗的控制,终端设备及边缘节点的计算资源一般不够强大,难以满足 DNN 推理时的高计算资源需求。挑战二:在异构处理能力和动态网络条件下,边缘设备如何与其他边缘设备和云协调,以确保良好的端到端应用的性能。挑战三:隐私保护仍然是一个挑战,即使边缘计算可以通过让数据在网络边缘实现推理来保护隐私,但一些数据仍然需要在边缘设备和云之间进行传输与交换。

本书主要从 DNN 和嵌入式设备的结合性方面出发,在软件层面介绍 DNN 模型的结构设计及模型压缩理论;在硬件层面介绍如何选择硬件及如何在典型的硬件上部署 DNN 模型的方法。本书的结构框图如图 1-5 所示。

在边缘节点实现智能计算的关键技术包括:

(1) 终端设备的推理,即 DNN 模型在终端设备(嵌入式 AI 系统)上的执行。包括资源受限环境下的 DNN 模型的快速推理算法研究及硬件优化部署技术。本书将重点讨论嵌入式 AI 系统中的 DNN 推理技术。

(2) 边缘计算节点的推理,来自终端设备的数据被发送到一个或多个边缘服务器进行计算。除了解决(1)中的关键技术外,还需实现计算资源的管理、调配及优化技术。

(3) 终端设备、边缘计算节点、云之间的联合计算,需要解决云端服务器的模型训练、是

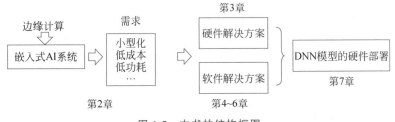

图 1-5　本书的结构框图

否将任务从云或终端设备卸载到边缘的问题及如何以适当的方式将任务分配给云、边缘和终端设备。

1.2　边缘计算的挑战

随着万物互联时代的到来,数以万计的终端设备将产生海量数据,这要求靠近数据源头的网络边缘或者设备侧能够提供边缘智能服务,实时处理设备收集的有价值的数据。随着边缘计算时代的到来,AI 计算逐渐从云端向嵌入式端迁移,嵌入式计算与智能视觉的结合越来越被业界重视,近年来得到了快速的发展。因此需要可以实现具有边缘计算能力的嵌入式系统,嵌入式系统可以理解为实现边缘计算的单元。

如图 1-3 和图 1-4 所示,终端设备为边缘计算的主要构成部分。一部分终端设备带有计算功能,而另一部分终端设备只具有数据采集的功能。带有计算功能的终端设备的计算单元由嵌入式 AI 系统构成。边缘计算节点可以是带有 GPU 的服务器,也可以是嵌入式 AI 芯片。由于体积、功耗、价格等原因,一般终端计算资源都存在计算资源受限、存储空间及功耗不足的问题。可以从软件和硬件两个角度减少 DNN 在终端设备或边缘计算节点上运行时的延迟,提高整个边缘计算系统的性能。一般可以通过以下几种方式来提升一个边缘节点的性能。

1.2.1　DNN 模型设计

设计较小的 DNN 模型结构,用较少的参数量完成所需任务,并实现尽可能高的精度,从而减少 DNN 推理所需的内存和响应延迟,轻量级网络模型的设计方法是近年来 DNN 领域研究的重点。本书将介绍几种流行的用于计算机视觉领域在资源受限条件下的 DNN 模型及相关思路。

1) 多任务深度学习网络

大多数的感知任务需要经过几个步骤来组合完成。如果将每个任务建立一个 DNN 模型,再把所有的任务并行起来,计算量过于庞大,这将导致项目预算大幅增加、硬件服务器功耗过大,会产生安装条件受限等问题。所以使用一个 DNN 模型实现多任务处理是更为合理的方式。以自动驾驶图像感知装置为例,可以通过将图像分类、目标检测和图像分割等多个任务并入统一的编码器-解码器架构,使多项任务共享同一主干网络,从而减少深度神经网络的参数数量及存储空间。

2) MobileNets、SqueezeNet 等轻量级 DNN 模型

使用深度可分离的卷积等来构建轻量级的深度神经网络,通过引入全局超参数,在延迟

度和准确度之间有效地实现平衡。

本书将在第 4 章介绍 DNN 模型的构建方法；第 5 章介绍轻量级 DNN 模型的设计思路，并给出几种经典的轻量级 DNN 模型及代码实现。

1.2.2 DNN 模型轻量化

DNN 模型轻量化也称为模型压缩。DNN 模型压缩是减少参数数量与存储空间的有效方法，也是近年来 DNN 领域研究的重点内容（如图 1-6 所示）。好的网络模型轻量化算法应该具有更大压缩率的同时，使其精度损失更小。常用的网络模型轻量化方法有参数量化、网络模型剪枝、知识蒸馏和网络结构搜索法四种。本书将在第 6 章进行详细介绍，并介绍模型压缩的思路、经典的模型压缩算法及代码实现。

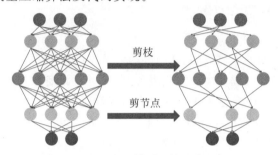

图 1-6　DNN 模型压缩示意图

1.2.3 硬件优化部署

卷积神经网络（CNN）的计算都可以看作为大量矩阵乘法及向量对应元素相乘、相加等基本计算。如果使用传统的 CPU，一次只能计算一个乘法，即使使用超标量 CPU，也只能同时计算 4 个定点乘法，这样的处理速度难以满足实时推理的需求。采用适用于并行计算的 GPU 处理器可以使 DNN 的推理速度得到明显提升，但是 GPU 并不是为 DNN 算法专门设计的，所以运行 GPU 的功耗较大，运算速度也有进一步提升的空间。硬件制造商正在利用现有的硬件，为 DNN 生产定制化的集成电路，从而进一步地减少推理时间和能耗，例如谷歌的张量处理单元（TPU）等。DianNao 是寒武纪提出的 AI 专用处理器，其数据会存储在 DRAM 中，而 DRAM 的读写会导致功耗非常大。在此基础上，寒武纪又提出 ShiDianNao，相对于 DianNao，它侧重于有效的内存访问，避免使用 DRAM 存储数据，从而在很大程度上降低了能耗。除此之外，基于现场可编程门阵列（FPGA）的 DNN 加速器是另一种很有前景的方法，因为 FPGA 可以在保持可重构性的同时提供高速计算。这些定制化的电路和 FPGA 的设计通常比传统的 CPU 和 GPU 更节能。

芯片制造商还为开发人员提供了相应的软件工具，用于优化现有芯片上的 DNN 模型，例如，英特尔开发了 OpenVINO SDK，可将 DNN 模型部署在英特尔的芯片上，包括英特尔的 CPU、GPU、FPGA 和视觉处理单元。NVIDIA 发布了 TensorRT，是用于高性能深度学习推理的 SDK，它支持 NVIDIA 的硬件，从轻量级的 Jetson Nanos 到强大的 T4 服务器，都能够给基于图像的工业自动化应用程序带来大幅提速。高通的神经处理软件开发工具包（SDK）可以将 DNN 模型部署在其 Snapdragon 芯片上。还有一些为移动设备开发的通用库,它们不依赖于特定的硬件,例如,TensorFlow Lite,可帮助开发者在移动设备、嵌入式设备和 IoT 设备上运行 TensorFlow 模型。它支持设备端机器学习推理,延迟较低,并且采用二进制文件来存储训练模型,因此所需的存储空间较小。

本书将在第 7 章深入讲解如何应用 OpenVINO 和 TensorRT 工具包将 DNN 模型部署到硬件平台的方法及流程。

1.3 云-边-端任务协作

将 AI 系统的部分计算迁移到边缘节点,从而缓解数据传输到云端的响应延迟和传输带宽的瓶颈。但仍然存在两个关键问题:第一个问题是何时将任务从云或终端设备卸载到边缘设备?第二个问题是如何以适当的方式将任务分配给云、边缘和终端设备。任务规模与处理速度的关系为:

$$\frac{C}{P_d} > \frac{C}{P_e} + \frac{D}{B_e} \tag{1-1}$$

$$\frac{C}{P_c} + \frac{D}{B_c} > \frac{C}{P_e} + \frac{D}{B_e} \tag{1-2}$$

其中,P_d 为终端设备处理速度,P_e 为边缘节点的处理速度,P_c 为云服务器的处理能力,C 为计算任务规模,D 为计算任务输入变量及返回结果的规模,B_e 为终端设备与边缘节点之间的通信带宽,B_c 为边缘节点及中心云之间的通信带宽。如果式(1-1)成立,那么证明将计算从终端设备迁移到边缘节点可以减少响应时间;如果式(1-2)成立,则证明将计算迁移到边缘节点后的性能优于迁移到中心云。

1.4 本章小结

本章对边缘计算的概念和优势进行了详细阐述,首先介绍了边缘计算的起源以及发展;之后介绍了终端设备、边缘节点、嵌入式设备在执行 DNN 模型时面临的挑战,并阐述了资源受限环境下提升 DNN 模型推理性能的方法,以及硬件的优化技术;最后介绍了云-边-端计算任务协作的思路及基本方法。

1.5 习题

1. 简述边缘计算的概念及优势。
2. 简述边缘节点的构成。
3. 简述资源受限环境下提升 DNN 模型推理性能的主要技术。

CHAPTER 2

第 2 章

嵌入式AI系统

本章学习目标
- 嵌入式 AI 系统的概念
- 嵌入式 AI 系统的软硬件组成
- 嵌入式深度学习技术
- 嵌入式 AI 系统的应用
- 嵌入式 AI 系统的需求与挑战

视频讲解

嵌入式系统是以应用为中心，以计算机技术为基础，根据用户实际需求（功能、可靠性、成本、体积、功耗、环境等）灵活裁剪软硬件模块的专用计算机系统。嵌入式系统通常是一个功能完备、几乎不依赖其他外部装置即可独立运行的软硬件集成的系统。嵌入式 AI 系统，则是一种可以运行 AI 算法的嵌入式系统。深度学习技术是 AI 领域中最受瞩目的技术之一，那么如何将深度学习部署到嵌入式系统中呢？本章将介绍嵌入式 AI 系统的概念、软硬件组成与嵌入式 AI 系统的应用。本章内容的框图如图 2-1 所示。

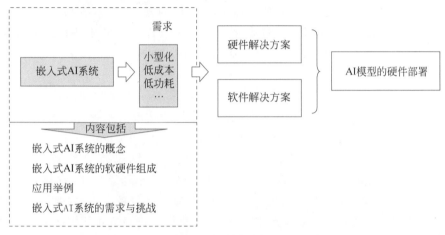

图 2-1 本章内容框图

2.1 嵌入式 AI 系统的概念

嵌入式系统是以应用为中心，以计算机技术为基础，能够根据用户实际需求（功能、可靠性、成本、体积、功耗、环境等）灵活裁剪软硬件模块的专用计算机系统。嵌入式系统和通用计算机不同之处在于它通常针对特定应用配备专用软硬件接口，在运算速度、存储容量、可靠性、功耗、体积方面的要求和通用计算机有明显差别。嵌入式 AI 系统，则是一种应用 AI 算法的嵌入式系统，其主要特点包括如下。

（1）专用性强。嵌入式 AI 系统通常是面向某个特定应用的，无论是系统的硬件还是软件，都是为特定用户群设计的，因此具有专用性强的特点。

（2）小型化。嵌入式 AI 系统把通用计算机系统中许多由板卡完成的任务集成在芯片的内部，有利于实现小型化，方便将系统嵌入到终端设备中。例如，某些便携设备要求在有限体积内安装嵌入式 AI 控制系统，以满足场景的要求。

（3）实时性好。实时性是一般的应用场景对嵌入式 AI 系统的普遍要求，是设计者和用户需要重点考虑的一个指标。例如，某些大型设备通过嵌入式 AI 系统判断出危险情况后，需要在规定时间内输出停机控制命令。

（4）可裁剪性好。由于嵌入式 AI 系统具有专用性强的特点，因此可以通过提供不同硬件和软件的组合，以实现更高的性能。

（5）可靠性高。与通用计算机系统相比较，嵌入式 AI 系统对可靠性的要求更高。例如，控制电信交换机的嵌入式 AI 系统需要 24 小时不停歇地工作，可靠性要求达到 99.999%

以上。

（6）功耗低。嵌入式 AI 系统的宿主对象可能是小型的应用系统，因此嵌入式 AI 系统普遍追求低功耗。例如，某些手持测量设备需要依赖电池供电，以此保证可以使用几个月甚至几年。

嵌入式 AI 系统本身不具备自我开发能力，必须借助通用计算机平台开发。嵌入式系统设计完成以后，用户很难对其中的程序或硬件结构进行修改，需要通过开发工具和环境进行修改。而且，嵌入式系统通常采用"软硬件协同设计"的方法实现。在系统目标的指导下，通过综合分析系统软硬件功能及现有资源，协同设计软硬件体系结构，得以最大限度地挖掘系统软硬件能力，避免由于独立设计软硬件体系结构带来的种种弊病，从而得到高性能、低代价的优化设计方案。

20 世纪 70 年代通过集成算术运算器和控制器电路，第一款微处理器就此面世，其后陆续推出了 8 位、16 位微处理器。以这些微处理器为核心构成的系统广泛地应用于仪器仪表、医疗设备、机器人、家用电器等领域。微处理器的广泛应用形成了一个广阔的嵌入式应用市场，计算机厂家开始以插件方式大量地向用户提供原始设备制造商（Original Equipment Manufacture，OEM）产品，由用户根据自己的需求选择 CPU、存储器及各式 I/O 插件板，构成专用的嵌入式计算机系统，并将其嵌入 AI 系统设备中。

20 世纪 80 年代，随着微电子工艺水平的提高，集成电路制造商开始把嵌入式 AI 系统中所需要的微处理器、I/O 接口、A/D 转换器、D/A 转换器、串行接口以及 RAM、ROM 等部件全部集成到一个大规模集成电路（Very Large Scale Integration，VLSI）中，从而制造出面向 I/O 设计的微控制器，即俗称的单片机。

20 世纪 90 年代，在分布控制、柔性制造、数字化通信和信息家电等巨大需求的牵引下，嵌入式系统进一步快速发展。面向实时信号处理算法的数字信号处理（Digital Signal Processing，DSP）产品向着高速、高精度、低功耗的方向发展。

2010 年后，云计算技术获得了广泛推广，借助 CPU 和 GPU 的混合运算，加快了 AI 算法的发展与应用，也催生了各类 AI 芯片的研发与应用。

随着 AI 对于计算能力的要求不断快速地提升，进入 2015 年后，GPU 性能功耗比不高的特点使其在很多工作场合都受到限制，于是业界开始研发针对 AI 的专用芯片，期待通过更好的硬件和芯片架构，使其计算效率、能耗比等性能上得到进一步的提升。AI 芯片的发展史如表 2-1 所示。

表 2-1 AI 芯片的发展史

时间	AI 芯片发展事件
2006 年	Hinton 在 Science 上发表论文，证明了大规模深度神经网络学习的可能性
	Nvidia 推出了 CUDA（统一计算架构），为 GPU 提供了便捷的编程环境
2008 年	Nvidia 推出 Tegra 芯片，它是最早被应用于人工智能领域的 GPU
2010 年	IBM 发布了类脑芯片原型，该芯片模拟大脑结构，具有感知能力和大规模并行计算能力
2012 年	Google Brain 使用 1.6 万个 GPU 核的并行计算平台训练 DNN 模型，成功应用于语音和图像识别等领域
2013 年	AI 领域开始广泛采用 GPU，而高通公司发布了 Zeroth 芯片

续表

时间	AI芯片发展事件
2014年	Nvidia发布了首个专为深度学习设计的GPU架构Pascal
	IBM发布了二代类脑芯片TrueNorth
2015年	Google发布了ASIC芯片TPU 1.0
2016年	寒武纪成功研发出DIANNAO芯片
	FPGA芯片在云计算平台得到了广泛应用
2017年	Google发布了TPU 2.0,其功能在训练方面得到了加强
	Nvidia推出Volta架构,显著提升了GPU效能
	麒麟970成为首款手机AI芯片
	英伟达推出了Turing架构芯片,这是对Volta架构的升级,其CUDA核心和张量核得到了进一步优化
	Google发布了TPU V3,相比第二代的45 TFlops有了显著的性能提升
2019年	华为发布Ascend 910(昇腾910),其主要用于AI训练任务,直接与英伟达V100相对标
	Hailo发布了边缘AI处理器Hailo-8,其主要优势是能效比高,每瓦算力可达2.8 TOPS,超过了英伟达Jetson Xavier Nx和谷歌Edge TPU
2021年	Cerebras Systems发布了Wafer Scale Engine 2(WSE-2)处理器,该处理器为超级计算任务设计,拥有创纪录的2.6万亿个晶体管(市场上最大的GPU只有540亿个晶体管)和85万颗AI优化内核,大小类似餐盘,采用台积电的7nm工艺。其主要特性是将逻辑运算、通信和存储器集成到单个硅片上,成为专门用于深度学习的芯片
	Google发布了TPU V4,这是一款专门用于执行机器学习任务的AI芯片,是Google的第五代特殊领域架构(DSA)及第三代超级计算机平台用于ML模型,其性能是TPU V3的2.1倍,每瓦性能提升了2.7倍
2023年	中科院计算所等机构推出了由AI完全设计的CPU芯片——启蒙1号

2.2 嵌入式AI系统的硬件结构

嵌入式AI系统的硬件部分看起来与通用计算机系统的没有什么区别,也由处理器、存储器、外部设备、I/O接口、控制器等部分组成。但是嵌入式AI系统应用上的特点致使嵌入式AI系统在软硬件组成和实现形式上与通用计算机系统有较大区别。为满足嵌入式AI系统在速度、体积和功耗上的要求,操作系统、应用软件、特殊数据等需要长期保存的数据,通常不使用磁盘这类具有大容量且速度较慢的存储介质。根据实际应用和规模的不同,有些嵌入式AI系统要采用外部总线。

用于运行深度学习的嵌入式硬件主要是要求更快的指令周期与低功耗,包括GPU、DSP、ASIC、FPGA和类脑芯片,且须与深度学习算法相结合,而成功结合的关键在于先进的封装技术。总体来说,GPU比FPGA快,而在功率效能方面,FPGA比GPU好。ASIC的功耗低,但灵活性较差。另外,嵌入式AI系统中的硬件选择要根据需求设计而定。

2.3 嵌入式AI系统的软件结构

嵌入式AI系统的软件体系是面向嵌入式AI系统特定的硬件体系和用户要求而设计

的,是嵌入式 AI 系统的重要组成部分,是实现嵌入式 AI 系统功能的关键。嵌入式 AI 系统软件体系和通用计算机软件体系类似,分成驱动层、操作系统层、中间件层和应用层等四层,但各有其特点。

2.3.1 驱动层

驱动层是直接与硬件打交道的一层,它为操作系统和应用提供硬件驱动或底层核心支持。驱动层具有在嵌入式系统上电后初始化系统的基本硬件环境的功能,其程序一般包括三种类型,即初始化程序、标准驱动程序和应用驱动程序。

2.3.2 操作系统层

嵌入式 AI 系统中的操作系统具有一般操作系统的核心功能,负责嵌入式 AI 系统的全部软硬件资源的分配、调度工作控制、协调并发活动。它仍具有嵌入式的特点,属于嵌入式 AI 操作系统(Embedded Operating System,EOS)。主流的嵌入式操作系统有 Windows CE、Palm OS、Linux 等。有了嵌入式操作系统,编写应用程序更加快速、高效、稳定。

2.3.3 中间件层

中间件是用于帮助和支持应用软件开发的软件,通常包括数据库、网络协议、图形支持及相应开发工具等,例如,MySQL、TCP/IP、GUI 等,都属于这一类软件。

2.3.4 应用层

嵌入式应用软件是针对特定应用领域,用来实现用户预期目标的软件。嵌入式应用软件和通用计算机应用软件有一定的区别,它不仅在准确性、安全性和稳定性等方面要求能够满足实际应用的需要,而且还要尽可能地进行优化,以减少对系统资源的消耗,降低硬件成本。嵌入式系统中的应用软件是最活跃的力量,每种应用软件均有特定的应用背景。尽管规模较小,但专业性较强。深度学习算法应该在应用层运行,为了提高在有限资源下的处理速度,应对深度学习算法进行有效优化。

传统的嵌入式系统主要用于接收信号、分析并输出控制命令。随着应用需求的不断发展,嵌入式 AI 系统主要应用于智能感知、智能交互和智能决策方面。在智能感知方面,例如,自动驾驶汽车中的嵌入式 AI 系统通过识别摄像机拍摄的图片识别道路交通情况;大型机械采集振动信号,通过机械设备中的嵌入式 AI 系统识别多种异常振动模式等。在智能交互方面,例如,嵌入式 AI 系统通过语音识别获取用户指示,并汇报执行结果;或通过手势识别、人脸表情识别等判断用户意图,并及时做出响应,从而提高"人机协作"的能力。在智能决策方面,例如,自动驾驶汽车中的车载嵌入式 AI 系统根据车速、道路障碍、交通标识信息对当前状态及趋势进行判断,并在有限时间内发布行驶指令。

2.4 嵌入式深度学习技术

深度学习可以分为训练和推理两个部分。模型训练,设计 DNN 模型,使用拥有 GPU

资源的服务器通过大型的数据库进行模型训练,从而调整模型参数。模型推理,采用包含参数的训练模型,对输入数据预测并输出结果。

嵌入式硬件平台虽然只执行 DNN 推理,但仍会带来巨大的挑战,这些挑战包括:①推理所需的庞大的运算量导致硬件平台算力不足。尤其在视频分析中,需要由大量二维卷积和矩阵乘法等运算,而这些都是运算密集型的算法,给算力受限的嵌入式系统带来了压力。②存储空间不足。DNN 在推理过程中需要访问海量权重系数,参数规模可能超出嵌入式处理子系统可用的内存规模,需要短时间内在片内 RAM 和相对低速的外部存储器之间进行大量数据交换来完成计算。③计算所需的功耗高。在嵌入式 AI 系统中完成 DNN 推理往往需要同时满足运算量和实时性要求,虽然通过不断地提升处理器主频和运算硬件资源可以达到要求,但付出的代价是运行功耗的提升,这限制了在使用电池供电或太阳能供电等场景下的应用。

深度学习发展之初,无论是模型训练还是模型部署均需要采用带有 GPU 的服务器完成,而模型训练或模型部署环境都是 Caffe、TensorFlow、Torch 等深度学习框架。随着半导体、集成电路、人工智能芯片和算法开发等方面的进步,嵌入式深度学习技术越来越受到关注。NVIDIA、Intel、Google、华为等巨头纷纷布局 AI 芯片领域。本书将在第 3 章介绍嵌入式 AI 系统的硬件解决方案。同时 NVIDIA、Inter 等各大硬件厂商也为自己的硬件产品推出了相应的部署工具,例如,Intel 公司推出的 OpenVINO,NVIDIA 公司推出的 TensorRT 等。

2.5 嵌入式 AI 系统的应用

常见的嵌入式 AI 系统的运行模式如图 2-3 所示,系统功能是从传感器获得外部数据,进行分析运算后输出控制命令,运行期间还需要接收用户输入。这一架构模型反映了大多数嵌入式系统的运行模式。例如,机器人视频避障嵌入式系统,通过摄像头获取周期性的视频数据,分析视频内容并识别障碍和目的地后,输出机器人移动控制的命令。随着嵌入式 AI 技术的持续发展,应用领域会随时间推移而不断向多维方向发展,应用场景举例如下。

图 2-3 常见的嵌入式 AI 系统的运行模式

2.5.1 车载辅助驾驶系统

ADAS(Advanced Driver Assistance Systems)是重要的 AI 应用之一,它需要处理海量的由激光雷达、毫米波雷达、摄像头等传感器采集的实时数据,对路况进行综合分析后,给予用户合理的建议及反馈。ADAS 对处理速度的要求很高,无法忍受上传云端而带来的网络或传输延迟,所以需要采用嵌入式 AI 技术的解决方案。

2.5.2 无人机智能巡检系统

带有摄像设备的无人机平台越来越成为对超大范围巡检的主要工具,但现阶段还停留在无人机传回视频后由人工进行确认的阶段,实时处理无人机拍摄到的图像,智能识别后传回识别结果是无人机巡检的发展方向。由于无人机在高空中经常碰到网络传输速度受限的问题,嵌入式AI技术就是解决无人机平台智能识别的有效方案。

2.5.3 VR设备

伴随元宇宙概念的提出,VR(Virtual Reality,虚拟现实)技术越来越受到人们的关注。VR设备芯片的代表为HPU芯片,是微软为自身VR设备Hololens研发定制的。这颗芯片能同时处理来自5个摄像头、1个深度传感器以及运动传感器的数据,并具备计算机视觉的矩阵运算和CNN运算的加速功能。这使得VR设备能在设备端完成重建高质量的人像3D影像,并实时传送到任何地方。

2.6 嵌入式AI系统的需求与挑战

从以上给出的几个应用案例均可以看出,无论是车载、机载、可穿戴设备、智能手机、智能眼镜、还是VR设备上的计算单元都需要嵌入式AI系统具有小型化、轻量级、低功耗、处理速度快等特点。而DNN算法需要大量的运算和存储,要解决这一问题有两条技术路线:①基于定制化硬件提升嵌入式处理器的运算效率;②基于算法优化提高运算效率和存储大小。本书将在第3章介绍嵌入式AI系统的硬件解决方案;第4、5、6章侧重于通过算法改进和优化软件;第7章介绍AI模型的硬件部署,提升嵌入式系统的AI运算能力。

2.7 本章小结

本章对嵌入式AI系统的概念、特点、软硬件组成等进行详细阐述,介绍了嵌入式AI芯片的起源与发展,介绍了嵌入式AI系统的硬件及软件构成,分析了嵌入系统的嵌入方式,并进一步介绍了嵌入式AI系统的应用场景。最后提出了嵌入式AI系统的需求与挑战。在接下来的几章里,将从软件、硬件两个角度去介绍为了满足这些需求进行改进的具体方法。

2.8 习题

1. 什么是嵌入式系统?什么是嵌入式AI系统?各有什么特点?
2. 常用的嵌入式AI芯片有几类?各有什么特点?
3. 简述嵌入式AI系统的软件构成。
4. 简述嵌入式AI系统的应用场景。

第 3 章

嵌入式AI系统的硬件解决方案

CHAPTER 3

本章学习目标
- 通用类芯片——GPU
- 半定制化芯片——FPGA
- 全定制化芯片——ASIC
- 类脑芯片

视频讲解

为了使嵌入式AI系统满足轻量化、低成本、低功耗等的需求与挑战，各大芯片厂家均在开展AI专用设备及AI芯片的研发。本章详细地介绍四种AI芯片（通用类芯片、半定制化芯片、全定制芯片及类脑芯片），详细介绍了各自的工作原理、特点及优缺点，最后进行了总结与展望。通过本章的学习，可以根据嵌入式AI系统的不同应用特点，选择更适合的AI芯片。本章内容的框图如图3-1所示。

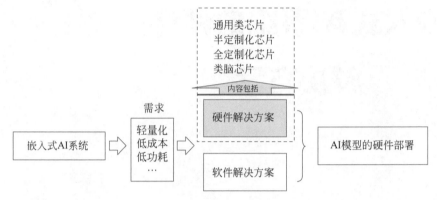

图3-1 本章内容框图

常用的DNN算法一般包括CNN卷积网络（用于图像识别领域）和RNN网络（用于语音识别、自然语言处理领域），它们的本质都是矩阵或向量的乘法和加法运算。例如，一个针对输入为图像的目标检测算法需要一万亿次的加法与乘法运算。如图3-2所示，AI芯片从技术架构的角度可以分为以下四个类型，其中GPU、FPGA、ASIC都属于冯·诺依曼架构[①]，其类别、特点及代表公司总结如表3-1所示。

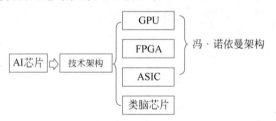

图3-2 AI芯片技术架构

表3-1 AI芯片的四个类别

类别	GPU	FPGA	ASIC	类脑芯片
特点	性能高 功耗高 通用性好	可编程、灵活 功耗与通用性介于GPU与ASIC之间	定制化设计 性能稳定 功耗控制性能好	功耗低 响应速度快 尚不成熟
代表公司	NVIDIA AMD	Xilinx Intel	谷歌（TPU） 寒武纪 地平线	IBM

---

① 冯·诺依曼结构也称普林斯顿结构，是一种将程序指令存储器和数据存储器合并在一起的存储器结构。数学家冯·诺依曼提出了计算机制造的三个基本原则，即采用二进制逻辑、程序存储执行以及计算机由五个部分组成（运算器、控制器、存储器、输入设备、输出设备），这套理论被称为冯·诺依曼体系结构。

3.1 通用类芯片——GPU

CPU 与 GPU 的结构对比示意图如图 3-3 所示。传统 CPU 的计算指令是遵循串行执行方式的,在执行 DNN 推理时,难以发挥出 CPU 的全部潜力,所以它并不适用于 DNN 推理。而 GPU 具有并行结构,在处理图形数据和复杂算法方面拥有比 CPU 更高的效率。对比 CPU 和 GPU 在结构上的差异,CPU 大部分面积为控制器和寄存器,而 GPU 拥有更多的用于数据处理的逻辑运算单元(Arithmetic Logic Unit,ALU),这样的结构更适合对密集型数据进行并行处理。由此可以看出,具有大量重复运算的 DNN 推理在 GPU 上的运行速度与单核 CPU 比较可以提升几十倍乃至上千倍。NVIDIA、AMD 等公司不断地推进 GPU 大规模并行架构的研发,因此 GPU 已成为加速可并行应用程序的关键。

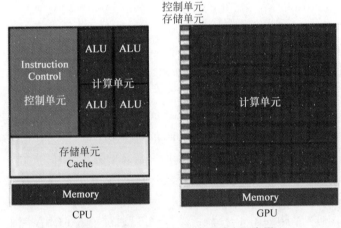

图 3-3 CPU 与 GPU 的结构对比示意图

从图 3-3 中可以很明显地看出,GPU 的构成相对简单,有数量众多的计算单元和超长的流水线,特别适合处理大量的类型统一的数据。但 GPU 无法单独工作,必须由 CPU 进行控制调用才能工作。CPU 可单独工作,处理复杂的逻辑运算和不同的数据类型,但当需要处理大量的类型统一的数据时,则需调用 GPU 进行并行计算。CPU 根据功能划分,将需要大量并行计算的任务分配给 GPU。GPU 从 CPU 获得指令后,把大规模、无结构化的数据分解成许多独立部分,分配给各个流处理集群。每个流处理集群再次把数据分解,分配给调度器,调度器将任务放入自身所控制的计算核心区中完成最终的数据处理任务。但是 GPU 也有一定的局限性,深度学习算法分为训练和推理两部分,GPU 平台在算法的训练过程中表现出高效的特点,但在推理过程中对单项输入进行处理时,并行计算的优势就无法完全发挥出来。

GPU 性能较强但功耗较高。以 NVIDIA 开发的 GPU 为例,Xavier 最高算力为 30 TOPS[①],功耗为 30W,NVIDIA 最新发布的 GPUA 100 的性能大幅增强,支持全新的 TF32

---

① 在功耗方面,用 TOPS/W 评价处理器运算能力,TOP 是 Tera Operations Per Second 的缩写,TOPS/W 用于度量在 1W 功耗的情况下,处理器能进行多少万亿(10^{12})次操作;GOPS/W 度量处理器在 1W 功耗的情况下进行多少十亿次(10^9)操作;1MOPS 代表处理器每秒钟可进行一百万次(10^6)操作。TOPS 同 GOPS 与 MOPS 可以换算,都代表每秒钟能处理的次数,是不同的单位。

运算，浮点性能 156 TFLOPS。TFLOPS 是 Floating-point Operations per Second 的缩写，指每秒所执行的浮点运算次数。同时 INT8 浮点性能为 624 TOPS，FP16 性能为 312 TFLOPS，但功耗也达到了 400W。

全球知名的 GPU 生产厂商包括 NVIDIA、AMD、ARM、Qualcomm 的 Adreno 等。

3.2 半定制化芯片——FPGA

现场可编程门阵列(Field-Programmable Gate Array，FPGA)是在可编程阵列逻辑(Programming Array Logic，PAL)、通用阵列逻辑器件(Generic Array Logic，GAL)、复杂可编程逻辑器件(Complex Programmable Logic Device，CPLD)等可编程器件的基础上进一步发展的产物。FPGA 是一种可以重构电路的芯片，是一种硬件可重构的体系结构，作为专用集成电路(Application Specific Integrated Circuit，ASIC)领域中的一种半定制电路而出现的，既解决了定制电路的不足，又克服了原有可编程器件门电路数量有限的缺点。通过编程，用户可以随时改变它的应用场景，它可以模拟 CPU、GPU 等硬件的各种并行运算。

1985 年，Xilinx 公司推出了全球第一款 FPGA 产品 XC2064，采用 $2\mu m$ 工艺，包含 64 个逻辑模块和 85 000 个晶体管，门电路数量不超过 1000 个。2016 年，Xilinx 发布的 VIRTEX UltraScale 为 16nm 制程，系统逻辑单元最高达 378 万个。FPGA 制程迭代在提高算力的同时降低了功耗，减小了芯片面积，推动了 FPGA 的性能提升。Xilinx 和 Intel 相继发布 ACAP 和 Agilex 平台型产品，根据 Xilinx 披露的数据，新的平台型产品速度超过当前最高速 FPGA 的 20 倍，比目前最快的 CPU 快 100 倍，该平台面向数据中心、有线网络、5G 无线和汽车驾驶辅助应用。

FPGA 的内部基本结构如图 3-4 所示。用户可以通过写入 FPGA 配置文件来定义这些门电路以及存储器之间的连线。这种写入不是一次性的，例如，用户可以把 FPGA 配置成一个微控制器，在使用完毕后，再通过编辑配置文件把同一个 FPGA 配置成一个音频编解码器。因此，它既解决了定制电路灵活性不足的问题，又克服了原有可编程器件门电路数有限的缺点。

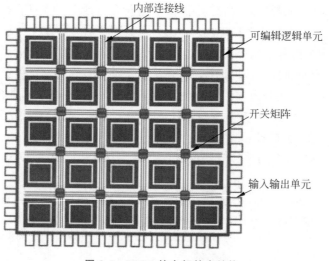

图 3-4　FPGA 的内部基本结构

FPGA 的主要优点介绍如下。

FPGA 具有更高的性能。FPGA 同时拥有流水线并行和数据并行,而 GPU 几乎只有数据并行。FPGA 可以同时进行数据并行和任务并行的计算,在处理特定应用时有更加明显的效率提升。对于某个特定运算,通用 CPU 可能需要多个时钟周期,而 FPGA 则通过编程重组电路,直接生成专用电路,仅消耗少量甚至一次时钟周期就可完成运算。所以说,在功耗和延迟方面,FPGA 在体系结构上是具有天生优势的。

FPGA 具有更低的功耗和延迟。在冯·诺依曼结构中,由于执行单元(如 CPU 核)可能执行任意指令,就需要有指令存储器、译码器、各种指令的运算器、分支跳转处理逻辑。由于指令流的控制逻辑复杂,不可能有太多条独立的指令流,因此 GPU 使用单指令流多数据流(Single Instruction Multiple Data,SIMD)来让多个执行单元以相同的步调处理不同的数据,同时 CPU 也支持 SIMD 指令。而 FPGA 每个逻辑单元的功能在重编程(即烧写)时就已经确定,不再需要指令。因此,体系结构的区别使 FPGA 比 GPU 的延迟低很多。

FPGA 具有灵活性。很多使用通用类芯片 GPU 或全定制化 ASIC 芯片难以实现的底层硬件控制操作技术,利用 FPGA 都可以很方便地实现,这个特性为算法的功能实现和优化留出了更大空间。FPGA 是作为 ASIC 领域中的一种半定制电路而出现的,它既解决了定制电路的不足,又克服了原有可编程器件门电路数有限的缺点。与 ASIC 芯片相比,FPGA 的一项重要特点是可编程特性,即用户可通过程序指定 FPGA 实现某一特定数字电路,而且 FPGA 芯片是小批量系统提高系统集成度、可靠性的最佳选择之一。同时 FPGA 的一次性成本(光刻掩模制作成本)远低于 ASIC,在芯片需求还未成规模、深度学习算法暂未稳定,需要不断迭代改进的情况下,利用 FPGA 芯片具备可编程的特性来实现半定制的 AI 芯片是最佳选择之一。

综上所述,FPGA 具有高性能、低能耗、灵活性的特点,归纳如表 3-2 所示。

表 3-2 FPGA 的特点

特　点	描　述
高性能	除了 GPU,FPGA 也擅长并行计算,基于 FPGA 开发的处理器可以实现更高的并行计算。而且 FPGA 带有丰富的片上存储资源,可以大大减少访问片外存储的延迟,提高计算性能,访问 DRAM 存储大约是访问寄存器存储延迟的几百倍以上
低能耗	相比于 CPU 和 GPU,FPGA 的能耗优势主要有两个原因:①相比于 CPU、GPU,FPGA 架构有一定的优化,CPU、GPU 需要频繁地访问 DRAM,而这个能量消耗较大,FPGA 可以减少这方面的能耗。②FPGA 的主频低,CPU 和 GPU 的主频一般在 1~3GHz 之间,而 FPGA 的主频一般在 500MHz 以下。因此,FPGA 的能耗要低于 CPU、GPU
灵活性	FPGA 可硬件编程,并且可以进行静态重复编程和动态系统重配置。用户可像编程修改软件一样修改系统的硬件功能,大大增强了系统设计的灵活性和通用性。使得 FPGA 可以灵活地部署在需要修改硬件设置场景中

全球知名的 FPGA 生产厂商包括 Altera(Intel 收购)、Xilinx、Actel、Lattice、Atmel 等。国内的厂商包括深圳紫光同创、上海安路科技、广东高云半导体、上海复旦微电子、京微齐力等。

3.3 全定制化芯片——ASIC

ASIC,即专用集成电路,是应特定用户要求和特定电子系统的需要而设计、制造的集成电路。用 CPLD 和 FPGA 来进行 ASIC 设计是目前最为流行的方式之一。

CPU、GPU、FPGA 都属于通用类的芯片,GPU 与 CPU 相比并行处理的能力较好。ASIC 是依照产品需求不同而定制化的特殊规格的集成电路,根据使用者的要求和特定电子系统的需要而设计并制造。它作为集成电路技术与特定用户的整机或系统技术紧密结合的产物,与通用集成电路相比具有体积更小、重量更轻、功耗更低、可靠性提高、性能提高、保密性增强、成本降低等优点。ASIC 芯片技术发展迅速,目前 ASIC 芯片间的转发性能通常可达到 1Gb/s 甚至更高,为交换矩阵提供了极好的物质基础。

ASIC 芯片的缺点是开发周期较长。基于 ASIC 人工智能芯片更像是电路设计,需要反复优化,还要经历较长的流片周期,故开发周期较长。相较于 FPGA,ASIC 人工智能芯片需要经历较长的开发周期,并且需要价格昂贵的流片投入,但量产后,ASIC 人工智能芯片的成本和价格会低于 FPGA 芯片。ASIC 芯片性能功耗比较高。从性能功耗比来看,ASIC 作为全定制化芯片,其性能要比基于半定制化芯片 FPGA 开发出的各种半定制 AI 芯片更具有优势。而且 ASIC 也不是完全不具备可配置能力,只是没有 FPGA 那么灵活,只要在设计的时候把电路做成某些可调参数即可。

张量处理器(Tensor Processing Unit,TPU)就是谷歌专门为了加速 DNN 的运算能力而研发的芯片,属于典型的 ASIC 芯片。TPU 与同期的 CPU 和 GPU 相比,性能可以提升 15~30 倍,效率可提升 30~80 倍。谷歌的 TPU、寒武纪的 MLU、地平线的 BPU 都属于 ASIC 芯片。TPU 与同期的 CPU 和 GPU 相比,缩小了控制部分,减少了芯片的面积,从而降低了功耗。

3.4 类脑芯片

生物体的神经网络由若干人工神经元结点互联而成,神经元之间通过突触两两连接,突触记录了神经元之间的联系。由于深度学习的基本操作是神经元和突触的处理,传统的处理器是为了进行通用计算而发展起来的,其基本操作为算术操作(加减乘除)和逻辑操作(与或非),所以往往需要数百甚至上千条指令才能完成一个神经元的处理,导致深度学习的处理效率不高。而且神经网络中存储和处理是一体化的,都是通过突触权重来体现。神经网络处理器(Neural network Processing Unit,NPU)的原理是用电路模拟人类的神经元和突触结构。而传统的冯·诺依曼结构中存储和处理是分离的,分别由存储器和运算器来实现,二者之间存在巨大的差异。所以使用基于冯·诺依曼结构的经典计算机(如 X86 处理器和 GPU)来运行 DNN 推理时,就不可避免地受到存储和处理分离式结构的制约而影响效率。

NPU 芯片的典型代表有国内的寒武纪芯片和 IBM 的 TrueNorth。以中国的寒武纪为例,DianNaoYu 指令直接应对大规模神经元和突触的处理,一条指令即可完成一组神经元的处理,并专门为神经元和突触数据在芯片上的传输提供了一系列的支持。IBM 研究人员将存储单元作为突触、计算单元作为神经元、传输单元作为轴突搭建了神经芯片的原型。由于神经突触要求权重可变且要有记忆功能,IBM 采用与 CMOS 工艺兼容的相变非挥发存储器(PCM)的技术实验性地实现了新型突触,加快了商业化进程。类脑芯片是人工智能最终的发展模式,但是距离产业化还很遥远。

3.5 对四大类型 AI 芯片的总结与展望

3.5.1 对 AI 芯片的总结

综上对四大类型 AI 芯片的介绍,再次归纳可以得到以下结论。

(1) CPU 有强大的调度、管理、协调能力;应用范围广;开发方便且灵活;但在大量数据的处理上没有 GPU 专业,相对运算量低,功耗较高。

(2) GPU 是单指令、多数据处理结构,有数量众多的计算单元和超长的流水线,GPU 善于处理图像领域的运算加速。但 GPU 无法单独工作,必须由 CPU 进行控制调用才能工作。CPU 可单独工作,处理复杂的逻辑运算和不同的数据类型,但当需要处理大量的类型统一的数据时,则需调用 GPU 进行并行计算。

(3) FPGA 和 GPU 相反,FPGA 适用于多指令、单数据流的分析,因此常用于推理阶段。将 FPGA 和 GPU 对比发现,一是 FPGA 缺少内存和控制所带来的存储和读取部分,速度更快;二是因为 FPGA 缺少读取的作用,所以功耗低,FPGA 的劣势是运算量并不大。

(4) ASIC 芯片是全定制化芯片,是为实现特定要求而设计制定的芯片。除了不能扩展以外,在功耗、可靠性、体积方面都有优势,尤其在高性能、低功耗的移动端和嵌入式端,但其灵活性差,开发周期较长。

3.5.2 对 AI 芯片的展望

物联网及人工智能时代对于智能硬件的需求对嵌入式系统的软硬件都带来了挑战,主要来源于算力、存储及功耗三个方面。

如图 3-5 所示,实现 10FPS(DNN 模型每秒的推理频率为 10)时图像分类所需要的运算量,通常需要 $10 \times 10^9 \sim 150 \times 10^9$ 次的乘加运算。图 3-6 展示了几种 DNN 模型参数存储量,可以看出参数存储量在 $5 \times 10^6 \sim 140 \times 10^6$ 之间,使用单精度浮点数进行存储时对应的存储量为 20~560MB。传统的低成本嵌入式系统的 RAM 存储空间往往不超过 16MB。一般用于图像及语音处理的实时 DNN 网络在处理器上的运算能力会超过 100GOPS 甚至 1TOPS,同时每次 DNN 推理都需要获取数百万个网络参数,并完成大量的运算操作,这些庞大的参数提取及运算操作所消耗的能量是在能量匮乏的嵌入式设备中进行 DNN 推理时遇到的主要困难。图 3-7 显示了在 30FPS(DNN 模型每秒的推理频率为 30)运行 DNN 网络模型需要全系统的等效能源效率。可以看出,随着更小规模的 DNN 网络结构不断地被提出,其需要的能源效率变得越来越小,但对于现有的嵌入式计算资源,实时执行 DNN 推理仍然存在着瓶颈,仍需要以优化 GPU、NPU 和 ASIC 的形式进行硬件方面的创新。

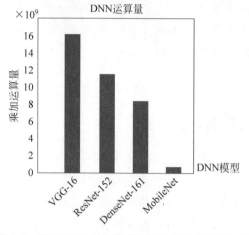 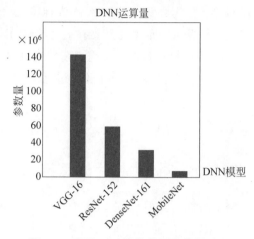

图 3-5　不同 DNN 网络模型实时运行时运算量对比　　图 3-6　不同 DNN 网络模型参数量对比

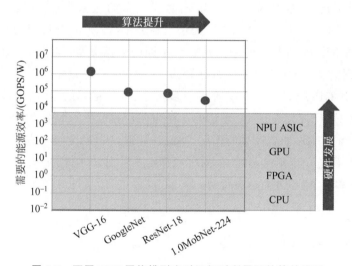

图 3-7　不同 DNN 网络模型实时运行时所需要的等效能源

综上所述,无论在运算量、存储及功耗方面,在嵌入式 AI 芯片上实现实时的 DNN 推理还存在着瓶颈问题,需要通过软件优化及硬件优化之间紧密地相互作用来解决。本书在第 4~6 章介绍算法层面的优化方法。

3.6　本章小结

本章介绍了 AI 芯片的主要分类,即通用类芯片、半定制化芯片、全定制化芯片及类脑芯片,并描述了每类芯片的设计原理、特点、优势及缺点,且进行了对比与分析,为选择 AI 系统的硬件解决方案提供了理论支持。

3.7 习题

1. 常用的 AI 芯片可以分成哪些类？
2. 简述 CPU 和 GPU 的区别与各自的特点。
3. 简述 FPGA 的工作原理，并描述 FPGA 与 CPU、GPU 的区别。
4. 简述 ASIC 的概念，并描述它与 FPGA 的区别。

第 4 章

深度卷积神经网络(DCNN)模型的构建及实现

CHAPTER 4

视频讲解

本章学习目标
- 神经网络的概念
- 神经网络的发展历史
- DNN 与 DCNN 的概念
- 几种常用的 DNN 典型结构
- PyTorch 的 DCNN 模型构建方法
- 图像识别项目实战

当前最流行的神经网络是深度卷积神经网络（Deep Convolutional Neural Networks，DCNN），它属于机器学习的子类，也是 DNN 的子类。目前提到 DCNN 和卷积神经网络，学术界和工业界不再刻意进行区分，一般都指深层结构的卷积神经网络，层数从"几层"到"几十""上百"不定。目前卷积神经网络在很多研究领域取得了巨大的成功，例如，语音识别、图像识别、图像分割等。本章介绍 DCNN 的基础原理及常用的模型，并提供 PyTorch 语言的模型构建案例。本章内容的框图与具体内容关系图如图 4-1 和图 4-2 所示。

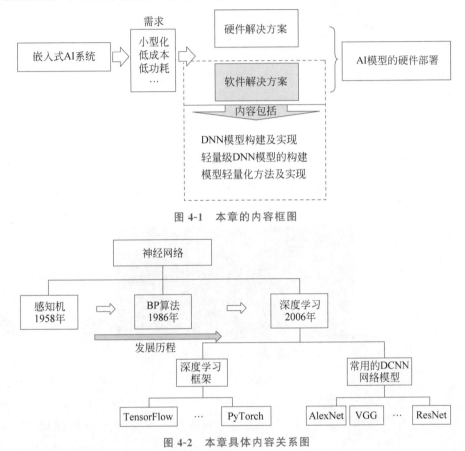

图 4-1 本章的内容框图

图 4-2 本章具体内容关系图

4.1 神经网络的概念及发展历史

4.1.1 神经元的结构

如图 4-3 所示，生物学研究表明，一个神经元具有多个树突，主要用来接收信息的传入。细胞核将计算后产生的信号传递到轴突，同时轴突末梢跟其他神经元的树突产生连接，从而传递信号。这个连接的位置在生物学上叫作"突触"。可以看到，神经元由多个输入信号通过计算后产生一个输出，然后传递给后面的神经元，这个生物学的神经元结构启发了神经网络算法的设计思路。

根据神经元的原理可以设计神经元的数学模型，神经网络模型中最重要的值是权重，其

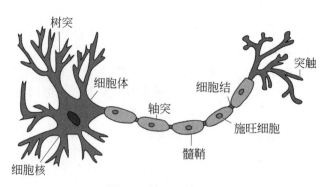

图4-3 神经元的组成

训练的目的就是让权重值调整到最佳,从而使得整个网络的预测效果最好。神经元可以看作一个计算与存储的单元,计算是神经元对其输入进行计算的功能,存储是神经元会暂存计算结果,并将结果传递到下一层。

4.1.2 感知机

1958年,计算科学家Rosenblatt提出了由两层神经元组成的神经网络——感知机(Perceptron),如图4-4所示。直到1969年的这段时期可以称作神经网络的第一次高潮。

图4-4 Rosenblatt与感知机

"感知机"的两个层次分别为输入层和输出层。例如,$w_{1,2}$代表后一层的第1个神经元与前一层的第2个神经元连接的权重值。根据以上方法标记,可以建立图4-5所示的感知机模型。

单层神经网络的输出可以表示为式(4-1)和式(4-2)。

$$z_1 = g(a_1 \times w_{1,1} + a_2 \times w_{1,2} + a_3 \times w_{1,3}) \quad (4-1)$$
$$z_2 = g(a_1 \times w_{1,1} + a_2 \times w_{1,2} + a_3 \times w_{1,3}) \quad (4-2)$$

感知机的公式如式(4-3)所示。

$$z = g(w \times a) \quad (4-3)$$

感知机中的权重可以通过训练得到。由此可以看出,感知机类似一个逻辑回归模型,可以做线性分类任务。

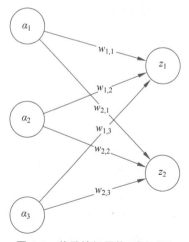

图4-5 单层神经网络(感知机)

4.1.3 BP算法

1986年,Rumelhart和Hinton等人(如图4-6所示)提出了反向传播(Back-propagation,

BP)算法,解决了两层神经网络所需要的复杂计算量的问题,从而推动了业界使用两层神经网络研究的热潮。

图 4-6　David Rumelhart(左)以及 Geoffery Hinton(右)

在 BP 神经网络中,使用平滑函数 Sigmoid 作为激活函数(Active Function)。模型训练的目的是修正权重使输出尽可能地逼近真实值。当样本的预测目标为 $\bar{y}$ 时,真实输出值为 y。那么样本目标值与输出的平方和误差为式(4-4)。

$$E = \frac{1}{2}\sum_{i=1}^{n_k}(\overline{y_i} - y_i) = \frac{1}{2}(\bar{y} - y)^T(\bar{y} - y) \tag{4-4}$$

训练的过程是不断地修改权重值使式(4-4)的平均和误差达到最小。把损失设计为关于权重的函数,即损失函数(Loss Function),通过参数优化方法,使损失函数的值达到最小。BP 算法使用了梯度下降算法,每次计算权重在当前的梯度,然后让权重向着梯度的反方向更新,不断重复,直到梯度接近零时截止。但结构复杂的神经网络模型每次计算梯度的代价很大,因此在 BP 算法的基础上提出了反向传播算法。反向传播算法并不是一次性计算所有参数的梯度,而是从后往前计算。首先计算输出层的梯度,接着向前逐步计算中间层梯度矩阵,最后计算输入层的梯度,再根据梯度更新权重,如式(4-5)和式(4-6)所示。

$$\boldsymbol{\Delta}^{(k)} = (\bar{y} - y)^T \boldsymbol{F}^{(k)} \tag{4-5}$$

$$\boldsymbol{\Delta}^{(k)} = \boldsymbol{\Delta}^{(k+1)} \boldsymbol{W}^{(k+1)} \boldsymbol{F}^{(k)}, \quad k < K \tag{4-6}$$

其中,$\boldsymbol{F}^{(k)}$ 为 k 层的激活函数导数对角阵,$\boldsymbol{\Delta}^{(k)}$ 为 k 层的梯度矩阵。而权重值更新如式(4-7)所示。

$$\boldsymbol{W}^{(k)}(s+1) = \boldsymbol{W}^{(k)} + \lambda(\boldsymbol{x}^{(k-1)} \boldsymbol{\Delta}^{(k)})^T \tag{4-7}$$

其中,$x^{(k-1)}$ 是第 $k-1$ 层的输出向量,可以看到隐藏层 k 的梯度矩阵 $\boldsymbol{\Delta}^{(k)}$ 的计算利用了下一层 $k+1$ 层的梯度矩阵 $\boldsymbol{\Delta}^{(k+1)}$。一个训练样本 x 正向通过网络计算输出 y,之后反向逐层计算 $\boldsymbol{\Delta}^{(k)}$ 更新权值,并将 $\boldsymbol{\Delta}^{(k)}$ 向前一层传播。反向传播就是指 $\boldsymbol{\Delta}^{(k)}$ 的传播。

BP 算法在实际应用中仍然存在若干问题,例如,一次神经网络的训练耗时太久,而且局部最优解问题一直难以解决,这使得模型的收敛较为困难。

4.1.4　神经网络的发展历史

从单层神经网络(感知机)开始,到包含一个隐藏层的两层神经网络,再到多层的深度神经网络,神经网络的研究一共有三次兴起,主要事件包括 1958 年感知机的提出、1986 年 BP 算法的提出和 2012 年 DCNN 在图像分类的世界竞赛中获得冠军。从单层神经网络,到两层神经网络,再到多层神经网络,随着神经网络层数的增加,以及激活函数的调整,神经网络所能拟合的决策分界平面的能力也随之提升。如图4-7所示,随着神经网络层数的增加,其非线性分界拟合能力不断增强,可以理解为网络层数越深的神经网络模型处理越复杂问题的效果越好。

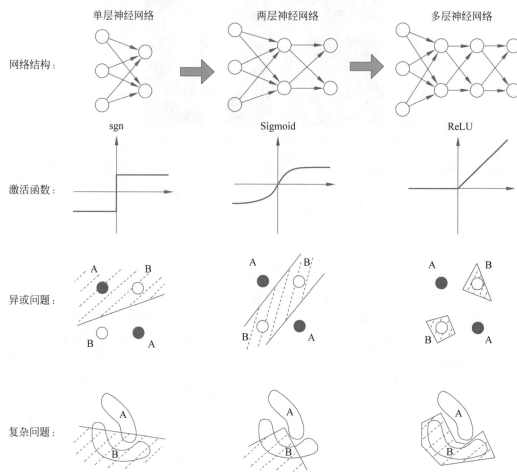

图4-7 神经网络层数与非线性分界拟合能力的关系

4.2 深度卷积神经网络(DCNN)

4.2.1 深度学习的概念

即使在神经网络技术研究的冰河期,加拿大多伦多大学的Geoffery Hinton教授等学者们仍然在坚持神经网络的研究。2006年,Hinton在*Science*首次提出了"深度信念网络"的概念。与传统的训练方式不同,"深度信念网络"中提出了"预训练"(Pre-training)的概念,这可以方便地让神经网络中的权重找到一个接近最优解的值,之后再使用"微调"(Fine-tuning)技术来对整个网络进行优化训练。这两个技术的运用大幅减少了训练多层神经网络的时间。这篇论文为多层神经网络相关的学习方法赋予了一个新名词——深度学习。

深度学习(Deep Learning,DL)是机器学习的一个重要分支,源于人工神经网络的研究,其模型结构是一种含多个隐藏层的神经网络。多层神经网络中目前效果比较好的是卷积神经网络,在图像处理和音频处理上效果很好。在多层神经网络中,训练的主题仍然是优化和泛化。当使用足够强的计算芯片(例如 GPU 图形加速卡)时,梯度下降算法以及反向传播算法在多层神经网络的训练中仍然工作得很好。

4.2.2 DCNN 的概念

深度卷积神经网络(Deep Convolution Neural Networks,DCNN)是一类包含卷积算法且具有深度结构的前馈神经网络,是 DNN 中的代表算法之一。本章介绍的三个概念之间的关系如图 4-8 所示。DCNN 仿造生物的视觉机制构建,能够进行平移不变的分类任务,在计算机视觉中应用广泛,如图像识别等。本章主要对 DCNN 的几种典型的结构进行说明。传统神经网络的训练阶段主要包括特征提取和特征映射,在 DCNN 中,特征提取是指通过卷积神经网络获得图片的特征图。具体方法为,使用计算机提取图像信息,确定每个图像的点是否属于一个图像特征,然后将提取得到的特征用于特征映射。特征提取阶段通常由卷积层、激活层和池化层构成。其中卷积和池化的组合可根据模型的不同需求出现多次,组合方式没有限制,如"卷积层+卷积层+池化层"。最常见的深度卷积神经网络结构是"若干卷积层+池化层"的组合。

图 4-8 本书介绍的三个概念之间的关系

4.2.3 DCNN 的构成

1) 卷积层

卷积是一种积分变换的数学方法,在许多方面得到了广泛应用。卷积层是 DCNN 的核心结构,由若干卷积单元构成,目的是提取输入图像的不同特征。对于给定的输入图像,输出特征图中每个像素实际上是输入图像中局部区域中像素的加权平均,其权值由卷积核定义。如图 4-9 所示,输入图像经过一个 3×3 卷积核矩阵输出特征图。在图 4-9 所示的局部连接中,右边每个神经元都对应 3×3=9 个参数,这 9 个参数是共享的。卷积核的步长是卷积核每次移动的像素数,填充像素是卷积前在图像边缘拓展的像素,目的是获得图像边缘特征。在一个 $W \times W$ 的输入图像上,用 $F \times F$ 的卷积核进行卷积操作,卷积核的步长为 S,填充的像素数为 P,得到的特征图的边长为 $N=(W-F+2P)/S+1$。

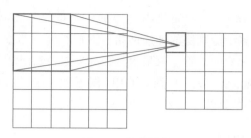

图 4-9 卷积操作

代码清单

使用 PyTorch 代码进行卷积操作的说明如下。

```
1. #一维卷积 nn.Conv1d
2. torch.nn.Conv1d(in_channels, out_channels, kernel_size, stride = 1, padding = 0, dilation = 1, groups = 1, bias = True)
3. #in_channels:在文本应用中,即为词向量的维度
4. #out_channels:卷积产生的通道数,有多少个 out_channels,就需要多少个一维卷积(也就是卷积核的数量)
5. #kernel_size:卷积核的尺寸;卷积核的第二个维度由 in_channels 决定,所以实际上卷积核的大小为 kernel_size * in_channels
6. #padding:对输入的每一条边,补充 0 的层数
7. #二维卷积 nn.Conv2d
8. torch.nn.Conv2d(in_channels, out_channels, kernel_size, stride = 1, padding = 0, dilation = 1, groups = 1, bias = True)
```

2) 激活函数

神经网络中的卷积操作属于线性操作,因为线性模型的表达能力不够,所以需要在网络中加入非线性因素。DNN 中通常使用非线性函数作为网络的激活函数,通过非线性的组合可以逼近任何函数。如果激活函数是线性函数,那么每一层输出都是上层输入的线性函数,那么无论神经网络有多少层,输出都是输入的线性组合,加深神经网络的层数就没有什么意义了。神经网络中常见的激活函数包括 Sigmoid 函数、tanh 函数和 ReLU 函数等。

(1) Sigmoid 函数。Sigmoid 函数是常用的非线性激活函数,其数学形式见式(4-8):

$$f(x) = \frac{1}{1 + e^x} \tag{4-8}$$

Sigmoid 函数在传统神经网络经常被使用,其作用是将神经元的输出信号映射到[0,1]区间。对于深层卷积神经网络,在进行反向传播时 Sigmoid 函数很容易出现梯度消失的问题。这是因为 Sigmoid 函数存在饱和区间,在饱和区间里函数的梯度接近零,这样进行反向传播计算得出的梯度也会接近零。结果就是在参数更新的过程中,梯度传播到前几层的时候几乎变为零,导致网络的参数几乎不会再有更新。另外,Sigmoid 函数的输出值始终在 0~1,其输出值不是零均值,从而导致上一层输出的非零均值数据作为后一层神经元的输入,产生的结果是如果数据输入神经元是恒正的,那么计算出的梯度也是恒正的,这会产生锯齿现象从而导致网络的收敛速度变慢。虽然使用批处理(Batch)进行训练能够缓和非零均值这个问题,但这仍会给深度网络的训练造成诸多不便。

(2) tanh 函数。tanh 函数是 Sigmoid 函数的变形,其数学形式见式(4-9):
$$f(x) = \frac{e^x - e^{-x}}{e^x - e^{-x}} \tag{4-9}$$

tanh 函数将神经元的输出信号映射到[-1,1]区间。tanh 函数的输出是零均值的,在实际的应用中,使用 tanh 函数作为激活函数时反向传播的收敛速度要优于使用 Sigmoid 作为激活函数时的收敛速度,但也存在梯度消失的问题,会导致训练效率低下。

(3) ReLU 函数。ReLU 函数是近几年在深度学习领域中非常流行的也是使用最多的一种神经元激活函数,其数学形式见式(4-10):
$$f(x) = \max(x, 0) \tag{4-10}$$

ReLU 函数在 x>0 时的梯度恒等于 1,所以在进行反向传播时,前几层网络的参数也可以得到更新,缓解了梯度消失的问题。另外,Sigmoid 和 tanh 函数都需要较大的计算量,而 ReLU 函数能将一部分神经元的输出变为零,等同于对网络参数进行稀疏化处理,减少了网络参数之间的依存关系,缓解过拟合现象的产生。由于 ReLU 函数的线性和非饱和特性,与使用 Sigmoid 和 tanh 作为激活函数相比较,使用 ReLU 函数能明显加快卷积神经网络的收敛速度。

代码清单

```
1. #ReLU 函数的使用
2. import torch.nn.functional as F
3. F.relu(self.conv1(x))
```

(4) 池化层。池化层也被称为采样层,是对不同位置的特征进行聚合统计,通常取对应位置的最大值(最大池化)、平均值(平均池化)等。最大池化就是把卷积后函数区域内元素的最大值作为函数输出结果,对输入图像提取局部最大响应,选取最显著的特征,如图 4-10 所示。平均池化就是把卷积后函数区域内元素的算术平均值作为函数输出结果,对输入图像提取局部响应的均值。

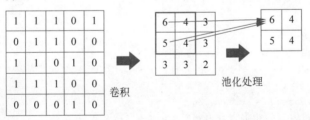

图 4-10 最大池化示意图

池化过程和卷积过程相似,使用不加权参数的采样卷积核,在输入图像的左上角位置按步长向右或向下滑动,对滑动窗口对应区域内的像素进行采样输出。

池化的优点如下:①降维。②克服过拟合。③在图像识别领域,池化还能提供平移和旋转不变性。通过上述描述,可以将卷积神经网络想象成多个叠加在一起的滤波器,用来识别图像不同位置的特定视觉特征,这些视觉特征在最初的网络层非常简单,随着网络层次的加深变得越来越复杂。

代码清单

使用 PyTorch 代码进行池化操作的说明如下。

```
1. import torch.nn.functional as F
2. F.max_pool2d(F.relu(self.conv2(x)),2)
```

（5）用 PyTorch 深度学习框架构建一个 DCNN 网络的示例。如图 4-11 所示，假设现有大小为 32×32 的图片样本，输入样本的通道数为 1，该图片可能属于 10 个类中的某一类。构建名称为 CNN 函数的定义如下。

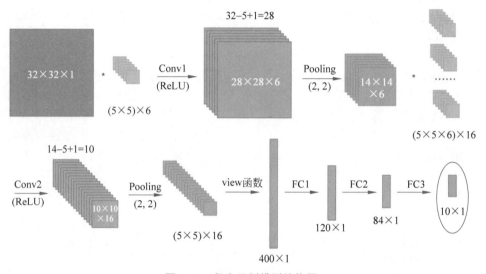

图 4-11　程序示例模型结构图

代码清单

```
1.  import torch.nn as nn
2.  import torch.nn.functional as F
3.
4.  class CNN(nn.Module):
5.      def __init__(self):
6.          nn.Model.__init__(self)
7.  #第一次卷积:使用 6 个大小为 5×5 的卷积核,故卷积核的规模为(5×5)×6;卷积操作的步长
    默认值为 1 x 1,32 - 5 + 1 = 28,并且使用 ReLU 对第一次卷积后的结果进行非线性处理,输出
    大小为 28×28×6
8.          self.conv1 = nn.Conv2d(1, 6, 5)
9.  #输入通道数为 1,输出通道数为 6
10. #第二次卷积:使用 16 个卷积核,故卷积核的规模为(5×5×6)×16;使用 ReLU 对第二次卷积后
    的结果进行非线性处理,14 - 5 + 1 = 10,故输出大小为 10×10×16
11.         self.conv2 = nn.Conv2d(6, 16, 5)
12. #输入通道数为 6,输出通道数为 16
13. #第一次全连接:将上一步得到的结果铺平成一维向量形式,5×5×16 = 400,即输入大小为
    400×1,W 大小为 120×400,输出大小为 120×1
14.         self.fc1 = nn.Linear(5 * 5 * 16, 120)
15. #第二次全连接,W 大小为 84×120,输入大小为 120×1,输出大小为 84×1
16.         self.fc2 = nn.Linear(120, 84)
17. #第三次全连接:W 大小为 10×84,输入大小为 84×1,输出大小为 10×1,即分别预测为 10 类的
    概率值
```

```
18.         self.fc3 = nn.Linear(84, 10)
19.
20.     def forward(self,x):
21.         #输入 x -> conv1 -> relu -> 2×2 窗口的最大池化
22.         x = self.conv1(x)
23.         x = F.relu(x)
24.     #第一次卷积后池化:kernel_size 为 2×2,输出大小变为 14×14×6
25.         x = F.max_pool2d(x, 2)
26.         #输入 x -> conv2 -> relu -> 2×2 窗口的最大池化
27.         x = self.conv2(x)
28.         x = F.relu(x)
29.     #第二次卷积后池化:kernel_size 同样为 2×2,输出大小变为 5×5×16
30.         x = F.max_pool2d(x, 2)
31.     #view 函数将张量 x 变形成一维向量形式,总特征数不变,为全连接层做准备
32.         x = x.view(x.size()[0], -1)
33.         x = F.relu(self.fc1(x))
34.         x = F.relu(self.fc2(x))
35.         x = self.fc3(x)
36.         return x
37.     #是把以上经过两次池化后的 16×5×5 的矩阵组降维成二维,便于 view 函数处理
38.     def num_flat_features(self,x):
39.         size = x.size()[1:]
40.         num_features = 1
41.         for s in size:
42.             num_features *= s
43.         return num_features
44. net = Net()
45. print(net)
```

4.2.4 DCNN 的训练

DCNN 的训练步骤如图 4-12 所示,根据输出与标签之间的损失进行反向传播,从而更新网络的参数。损失函数的定义如式(4-11)所示:

$$J(\theta) = \frac{1}{2m} \sum_{i=1}^{m} (y^i - h_\theta(x^i))^2 \quad (4-11)$$

1) 梯度下降

梯度下降(Gradient Descent)的方法主要包括批量梯度下降(Batch Gradient Descent,BGD)和随机梯度下降(Stochastic Gradient Descent,SGD)。那么每次梯度下降的更新算法如下。

首先对通过式(4-12)对目标(损失)函数求导。

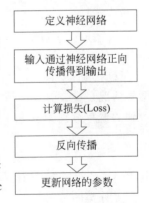

图 4-12 DCNN 的训练步骤

$$\frac{\partial J(\theta)}{\partial \theta} = \frac{1}{m} \sum_{i=1}^{m} (y^i - h_\theta(x^i)) x_j^i \quad (4-12)$$

然后沿导数相反方向移动参数。

$$\theta'_j = \theta_j + \frac{1}{m}\sum_{i=1}^{m}(y^i - h_\theta(x^i))x^i_j \tag{4-13}$$

在梯度下降中如何更新参数呢？BGD算法需要计算所有的样本后求平均，其计算得到的是一个标准梯度。与BGD相比，SGD算法是每次随机采用样本中的一个例子来近似该批次所有的样本，用一个随机样本计算梯度以更新参数，即SGD算法每次迭代仅对一个随机样本计算梯度，直至收敛。SGD如式(4-14)：

$$\theta'_j = \theta_j + (y^i - h_\theta(x^i))x^i_j \tag{4-14}$$

由于SGD每次迭代只使用一个训练样本，每次只使用一个样本迭代，若遇上噪声则容易陷入局部最优解。

代码清单

```
1. import torch.optim as optim
2. optimizer = optim.SGD(net.parameters(), lr = 0.001, momentum = 0.9)
3. loss.backward()
4. optimizer.step()
```

2) 损失函数

可以把损失函数理解成网络的实际输出与标签输出之间的误差，可以通过一个函数来计算误差。常用的损失函数包括MSE与交叉熵。

MSE损失函数常用于回归任务，其表达式如式(4-15)．

$$\text{MSE} = \frac{1}{n}\sum_{k=0}^{n}(y_i - \bar{y}_i)^2 \tag{4-15}$$

其中，n 代表样本的数量，y 代表期望输出，而 $\bar{y}$ 是指网络实际输出，这样通过MSE损失函数求梯度(求导)就可以进行梯度下降对网络进行训练了。

与MSE损失函数相似的有RMSE和MAE，也可以用于回归任务，公式如下。

$$\text{RMSE} = \sqrt{\text{MSE}} \tag{4-16}$$

$$\text{MAE} = \frac{1}{n}\sum_{i=0}^{n}|y_i - \bar{y}_i| \tag{4-17}$$

交叉熵(Cross Entropy Loss Function)损失常用于分类任务，可分为二分类与多分类两种情况。在二分类的情况下，模型最后需要预测的结果只有两种情况，对于每个类别预测得到的概率分别为 p 和 $1-p$，此时表达式为

$$L = \frac{1}{N}\sum_i -[y_i \cdot \log(p_i) + (1-y_i)\cdot \log(1-p_i)] \tag{4-18}$$

其中，y_i 表示样本 i 的标签，正类为1，负类为0；p_i 表示样本 i 预测为正类的概率。

多分类的情况如下

$$L = \frac{1}{N}\sum_i -[y_i \cdot \log(p_i)] = -\frac{1}{N}\sum_i L_i \sum_{c=1}^{M} y_{ic}\log(p_{ic}) \tag{4-19}$$

其中，M 表示类别的数量；y_{ic} 为符号函数(0或1)，如果样本 i 的真实类别等于 c 取1，否则取0；y_{ic} 为观测样本 i 属于类别 c 的预测概率。

代码清单

```
1. import torch.optim as optim
2. criterion = nn.CrossEntropyLoss() #交叉熵损失
3. loss = criterion(outputs, labels)
```

3）用 PyTorch 深度学习框架进行网络训练的示例

首先定义一个损失函数和优化器，我们使用分类交叉熵 Cross-Entropy 作损失函数，动量 SGD 做优化器。

代码清单

```
1.  import torch.optim as optim
2.  criterion = nn.CrossEntropyLoss()
3.  optimizer = optim.SGD(net.parameters(), lr = 0.001, momentum = 0.9) #动态 SGD
4.  for epoch in range(2):  #在数据集上循环多次
5.      running_loss = 0.0
6.      for i, data in enumerate(trainloader, 0):
7.  #得到输入
8.          inputs, labels = data
9.  #优化器置 0
10.         optimizer.zero_grad()
11.
12.         outputs = net(inputs)
13.         loss = criterion(outputs, labels)
14.         loss.backward()
15.         optimizer.step()
16.         running_loss += loss.item()
17.         if i % 2000 == 1999: # print every 2000 mini-batches
18.             print('[ %d, %5d] loss: %.3f' %
19.                 (epoch + 1, i + 1, running_loss / 2000))
20.             running_loss = 0.0
21. print('Finished Training')
```

4.3 几种常用的 DNN 模型结构

4.3.1 AlexNet

随着高效的图形处理器（GPU）计算的兴起，人们建立了更高效的卷积神经网络。2012年，Hinton 和他的学生 Alex Krizhevsky 设计了深度卷积神经网络 AlexNet，AlexNet 在 ImageNet ILSVRC 比赛中获得冠军，将之前最好的分类错误率 25% 降低为 15%。如图 4-13 所示，AlexNet 是一个 8 层的神经网络模型，包括 5 个卷积层及相应的池化层，3 个全连接层。

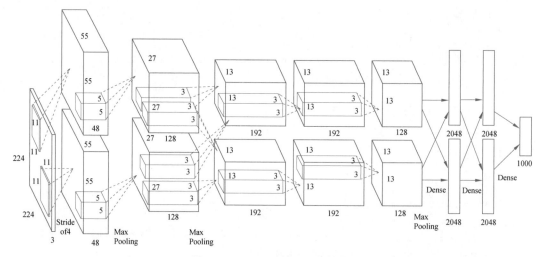

图 4-13　AlexNet 神经网络结构

代码清单

```
1. import torch
2. from torch import nn
3. import numpy as np
4. from torch.autograd import Variable
5. class AlexNet(nn.Module):
6.     def __init__(self):
7.         super().__init__()
8. #第一层是5×5的卷积,输入的channels是3,输出的channels是64,步长是1,没有padding
9. #Conv2d的第一个参数为输入通道,第二个参数为输出通道,第三个参数为卷积核大小
10. #ReLU的参数为inplace,True表示直接对输入进行修改,False表示新创建一个对象进行修改
11.         self.conv1 = nn.Sequential(
12.             nn.Conv2d(3,64,5),
13.             nn.ReLU()
14.         )
15. #第二层为3×3的池化,步长为2,没有padding
16.         self.max_pool1 = nn.MaxPool2d(3, 2)
17. #第三层是5×5的卷积,输入的channels是64,输出的channels是64,没有padding
18.         self.conv2 = nn.Sequential(
19.             nn.Conv2d(64, 64, 5, 1),
20.             nn.ReLU(True)
21.         )
22.
23. #第四层是3×3的池化,步长是2,没有padding
24.         self.max_pool2 = nn.MaxPool2d(3,2)
25.
26. #第五层是全连接层,输入是1204,输出是384
27.         self.fc1 = nn.Sequential(
28.             nn.Linear(1024,384),
```

```
29.            nn.ReLU(True)
30.        )
31.
32.        #第六层是全连接层,输入是 384,输出是 192
33.        self.fc2 = nn.Sequential(
34.            nn.Linear(384, 192),
35.            nn.ReLU(True)
36.        )
37.
38.        #第七层是全连接层,输入是 192,输出是 10
39.        self.fc3 = nn.Linear(192, 10)
40.
41.    def forward(self, x):
42.        x = self.conv1(x)
43.        x = self.max_pool1(x)
44.        x = self.conv2(x)
45.        x = self.max_pool2(x)
46.        #将图片矩阵拉平
47.        x = x.view(x.shape[0], -1)
48.        x = self.fc1(x)
49.        x = self.fc2(x)
50.        x = self.fc3(x)
51.        return x
```

4.3.2 VGG

在 2014 年进行的 ImageNet ILSVRC 比赛里,来自英国牛津大学的 Karen Simonyan 和 Andrew Zisserman 设计的深度卷积神经网络模型(Visual Geometry Group,VGG)取得了定位任务的第一名与分类任务的第二名。VGG 网络设计的原理是利用增加网络模型的深度来提高网络的性能。VGG 网络的组成可以分为 8 个部分,包括 5 个卷积池化组合、2 个全连接特征层和 1 个全连接分类层。每个卷积池化组合是由 1~4 个的卷积层进行串联所组成的,所有卷积层的卷积核的尺寸大小是 3×3。在这当中,利用多个卷积核滤波器大小为 3×3 的卷积层进行串联这可以看作是使用一个大尺寸卷积核滤波器的卷积层的分解,例如,使用两个卷积核滤波器大小为 3×3 的卷积层的实际有效卷积核大小是 5×5,三个卷积核滤波器大小为 3×3 的卷积层的实际有效卷积核大小是 7×7。这样做的优点是,使用多个小尺寸卷积核的卷积层可以比使用一个大尺寸卷积核的卷积层具有更少的参数,且能在不影响感受野大小的情况下增加网络的非线性,这样使得网络的判别性更强。如图 4-14 所示,VGG 网络根据每个卷积组内卷积层的层数不同,一共有 A~E 五种配置方案(按照列展示)。在图 4-14 中,配置的深度从左(A)到右(E)逐渐增加,增加层的部分用粗线标出。根据实际测试的结果显示,随着网络层数的不断加深,VGG 网络的准确率在 16 层时达到性能瓶颈,之后趋于饱和。

ConvNet Configuration					
A	A-LRN	B	C	D	E
11 weight layers	11 weight layers	13 weight layers	16 weight layers	16 weight layers	19 weight layers
input(224×224 RGB image)					
conv3-64	conv3-64 **LRN**	conv3-64 **conv3-64**	conv3-64 **conv3-64**	conv3-64 **conv3-64**	conv3-64 **conv3-64**
maxpool					
conv3-128	conv3-128	conv3-128 **conv3-128**	conv3-128 conv3-128	conv3-128 conv3-128	conv3-128 conv3-128
maxpool					
conv3-256 conv3-256	conv3-256 conv3-256	conv3-256 conv3-256	conv3-256 conv3-256 **conv1-256**	conv3-256 conv3-256 **conv3-256**	conv3-256 conv3-256 **conv3-256**
maxpool					
conv3-512 conv3-512	conv3-512 conv3-512	conv3-512 conv3-512	conv3-512 conv3-512 **conv1-512**	conv3-512 conv3-512 **conv3-512**	conv3-512 conv3-512 **conv3-512** **conv1-512**
maxpool					
conv3-512 conv3-512	conv3-512 conv3-512	conv3-512 conv3-512	conv3-512 conv3-512 **conv1-512**	conv3-512 conv3-512 **conv1-512**	conv3-512 conv3-512 **conv3-512** **conv1-512**
maxpool					
FC-4096					
FC-4096					
FC-1000					
soft-max					

图 4-14　VGG 神经网络结构

代码清单

```
1. import torch.nn as nn
2. import torch.nn.functional as F
3. from torchsummary import summary
4. class VGG(nn.Module):
5.     """
6.     定义 VGG 类
7.     """
8.     def __init__(self, arch: object, num_classes = 1000) -> object:
9.         super(VGG, self).__init__()
10.        self.in_channels = 3
11.        self.conv3_64 = self.__make_layer(64, arch[0])
12.        self.conv3_128 = self.__make_layer(128, arch[1])
13.        self.conv3_256 = self.__make_layer(256, arch[2])
14.        self.conv3_512a = self.__make_layer(512, arch[3])
15.        self.conv3_512b = self.__make_layer(512, arch[4])
16.        self.fc1 = nn.Linear(7 * 7 * 512, 4096)
17.        self.bn1 = nn.BatchNorm1d(4096)
18.        self.bn2 = nn.BatchNorm1d(4096)
19.        self.fc2 = nn.Linear(4096, 4096)
```

```
20.         self.fc3 = nn.Linear(4096, num_classes)
21.     # 编写卷积 + BN + ReLU 函数
22.     def __make_layer(self, channels, num):
23.         layers = []
24.         for i in range(num):
25.             layers.append(nn.Conv2d(self.in_channels, channels, 3, stride = 1, padding =
                1, bias = False))  # same padding
26.             layers.append(nn.BatchNorm2d(channels))
27.             layers.append(nn.ReLU())
28.             self.in_channels = channels
29.         return nn.Sequential( * layers)
30.
31.     def forward(self, x):
32.         out = self.conv3_64(x)
33.         out = F.max_pool2d(out, 2)
34.         out = self.conv3_128(out)
35.         out = F.max_pool2d(out, 2)
36.         out = self.conv3_256(out)
37.         out = F.max_pool2d(out, 2)
38.         out = self.conv3_512a(out)
39.         out = F.max_pool2d(out, 2)
40.         out = self.conv3_512b(out)
41.         out = F.max_pool2d(out, 2)
42.         out = out.view(out.size(0), -1)
43.         out = self.fc1(out)
44.         out = self.bn1(out)
45.         out = F.relu(out)
46.         out = self.fc2(out)
47.         out = self.bn2(out)
48.         out = F.relu(out)
49.         return F.softmax(self.fc3(out))
50. # 定义 VGG11 函数
51. def VGG_11():
52.     return VGG([1, 1, 2, 2, 2], num_classes = 1000)
53. # 定义 VGG13 函数
54. def VGG_13():
55.     return VGG([1, 1, 2, 2, 2], num_classes = 1000)
56. # 定义 VGG16 函数
57. def VGG_16():
58.     return VGG([2, 2, 3, 3, 3], num_classes = 1000)
59. # 定义 VGG19 函数
60. def VGG_19():
61.     return VGG([2, 2, 4, 4, 4], num_classes = 1000)
```

4.3.3 GoogLeNet

来自 Google 公司的 Christian Szegedy 等人设计的 GoogLeNet 网络模型使用的基本结构是利用 Inception 模块进行级联,在实现了扩大卷积神经网络的层数时,网络参数却得到了降低,这样可以对计算资源进行充分利用,使得算法的计算效率大大提高。在 2014 年举行的 ImageNet ILSVRC 比赛里,GoogLeNet 网络模型取得了图像分类任务的第一名。GoogLeNet 由多个 Inception 基本模块级联所构成的,具有更深层的网络结构,其深度超过 30 层。Inception 模块的基本结构如图 4-14 所示,其主要思想是使用 3 个不同尺寸大小的卷积核对前一个输入层提取不同尺度的特征信息,然后将这些特征信息进行融合操作后作为下一层的输入。Inception 模块使用的卷积核尺寸大小为 1×1、3×3 以及 5×5,其中 1×1 大小的卷积核较前一层有较低的维度,其作用是对数据进行降维,在传递给后面的卷积核尺寸大小为 3×3 和 5×5 的卷积层时降低了卷积计算量,避免了由于增加网络规模所带来的巨大计算量,如图 4-15 所示。通过对 4 个通道的特征融合,下一层可以从不同尺度上提取到更有用的特征。

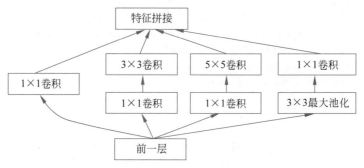

图 4-15 Inception 模块结构

代码清单

```
1.  import torch
2.  import torch.nn as nn
3.  import torch.nn.functional as F
4.
5.  # 编写卷积 + BN + ReLU 模块
6.  class BasicConv2d(nn.Module):
7.      def __init__(self, in_channels, out_channals, **kwargs):
8.          super(BasicConv2d, self).__init__()
9.          self.conv = nn.Conv2d(in_channels, out_channals, **kwargs)
10.         self.bn = nn.BatchNorm2d(out_channals)
11.
12.     def forward(self, x):
13.         x = self.conv(x)
14.         x = self.bn(x)
15.         return F.relu(x)
16.
17. # 编写 Inception 模块
18. class Inception(nn.Module):
19.     def __init__(self, in_planes,
20.                  n1x1, n3x3red, n3x3, n5x5red, n5x5, pool_planes):
21.         super(Inception, self).__init__()
22.         # 1x1 conv branch
23.         self.b1 = BasicConv2d(in_planes, n1x1, kernel_size = 1)
```

```python
24.
25.         # 1x1 conv -> 3x3 conv branch
26.         self.b2_1x1_a = BasicConv2d(in_planes, n3x3red,
27.                                      kernel_size = 1)
28.         self.b2_3x3_b = BasicConv2d(n3x3red, n3x3,
29.                                      kernel_size = 3, padding = 1)
30.
31.         # 1x1 conv -> 3x3 conv -> 3x3 conv branch
32.         self.b3_1x1_a = BasicConv2d(in_planes, n5x5red,
33.                                      kernel_size = 1)
34.         self.b3_3x3_b = BasicConv2d(n5x5red, n5x5,
35.                                      kernel_size = 3, padding = 1)
36.         self.b3_3x3_c = BasicConv2d(n5x5, n5x5,
37.                                      kernel_size = 3, padding = 1)
38.
39.         # 3x3 pool -> 1x1 conv branch
40.         self.b4_pool = nn.MaxPool2d(3, stride = 1, padding = 1)
41.         self.b4_1x1 = BasicConv2d(in_planes, pool_planes,
42.                                    kernel_size = 1)
43.
44.     def forward(self, x):
45.         y1 = self.b1(x)
46.         y2 = self.b2_3x3_b(self.b2_1x1_a(x))
47.         y3 = self.b3_3x3_c(self.b3_3x3_b(self.b3_1x1_a(x)))
48.         y4 = self.b4_1x1(self.b4_pool(x))
49.         # y的维度为[batch_size, out_channels, C_out, L_out]
50.         # 合并不同卷积下的特征图
51.         return torch.cat([y1, y2, y3, y4], 1)
52.
53. # 定义 GoogLeNet 类
54. class GoogLeNet(nn.Module):
55.     # 初始化
56.     def __init__(self):
57.         super(GoogLeNet, self).__init__()
58.         self.pre_layers = BasicConv2d(3, 192,
59.                                        kernel_size = 3, padding = 1)
60.
61.         self.a3 = Inception(192, 64, 96, 128, 16, 32, 32)
62.         self.b3 = Inception(256, 128, 128, 192, 32, 96, 64)
63.
64.         self.maxpool = nn.MaxPool2d(3, stride = 2, padding = 1)
65.
66.         self.a4 = Inception(480, 192, 96, 208, 16, 48, 64)
67.         self.b4 = Inception(512, 160, 112, 224, 24, 64, 64)
68.         self.c4 = Inception(512, 128, 128, 256, 24, 64, 64)
69.         self.d4 = Inception(512, 112, 144, 288, 32, 64, 64)
70.         self.e4 = Inception(528, 256, 160, 320, 32, 128, 128)
71.
72.         self.a5 = Inception(832, 256, 160, 320, 32, 128, 128)
73.         self.b5 = Inception(832, 384, 192, 384, 48, 128, 128)
```

```
74.
75.         self.avgpool = nn.AvgPool2d(8, stride = 1)
76.         self.linear  = nn.Linear(1024, 10)
77.
78.     def forward(self, x):
79.         out = self.pre_layers(x)
80.         out = self.a3(out)
81.         out = self.b3(out)
82.         out = self.maxpool(out)
83.         out = self.a4(out)
84.         out = self.b4(out)
85.         out = self.c4(out)
86.         out = self.d4(out)
87.         out = self.e4(out)
88.         out = self.maxpool(out)
89.         out = self.a5(out)
90.         out = self.b5(out)
91.         out = self.avgpool(out)
92.         out = out.view(out.size(0), -1)
93.         out = self.linear(out)
94.         return out
```

4.3.4 ResNet

微软亚洲研究院何恺明等设计的残差网络(Residual Networks，ResNet)在2015年举行的ImageNet ILSVRC比赛里取得了图像检测、图像定位以及图像分类三个主要项目的第一名，又在同一年的微软COCO比赛里取得了检测和分割的第一名。在ImageNet比赛里，残差网络的深度达到了152层，该深度是VGG网络模型深度的8倍，但是残差网络的参数量却要比VGG网络的更少。通常进行训练的网络层数很深的时候，如果只是不断叠加标准前馈卷积网络的层数，随着网络深度的增加，深度网络模型训练和测试结果的错误率反而会增加。ResNet的主要思想就是在标准的前馈卷积网络中，加上一个绕过一些层的跳跃连接。每绕过一层就会产生一个残差块(Residual Block)，卷积层预测添加输入张量的残差，如图4-16所示，网络要优化的是残差函数$F(x)$。ResNet将网络层数提高到了152层，虽然大幅增加了网络的层数，却降低了训练更深层神经网络的难度，同时也显著提升了准确率。ResNet网络一般采用的层数有18、34、50、101和152。可以根据项目实际的精度及速

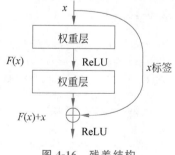

图4-16　残差结构

度要求来选择合适的 ResNet 模型，不同层数的 ResNet 架构如图 4-17 所示。

层名	输出大小	18-layer	34-layer	50-layer	101-layer	152-layer
conv1	112×112	\multicolumn{5}{c}{7×7, 64, stride 2}				
		\multicolumn{5}{c}{3×3, max pool, stride 2}				
conv 2_x	56×56	$\begin{bmatrix}3\times3,64\\3\times3,64\end{bmatrix}\times2$	$\begin{bmatrix}3\times3,64\\3\times3,64\end{bmatrix}\times3$	$\begin{bmatrix}1\times1,64\\3\times3,64\\1\times1,256\end{bmatrix}\times3$	$\begin{bmatrix}1\times1,64\\3\times3,64\\1\times1,256\end{bmatrix}\times3$	$\begin{bmatrix}1\times1,64\\3\times3,64\\1\times1,256\end{bmatrix}\times3$
conv 3_x	28×28	$\begin{bmatrix}3\times3,128\\3\times3,128\end{bmatrix}\times2$	$\begin{bmatrix}3\times3,128\\3\times3,128\end{bmatrix}\times4$	$\begin{bmatrix}1\times1,128\\3\times3,128\\1\times1,512\end{bmatrix}\times4$	$\begin{bmatrix}1\times1,128\\3\times3,128\\1\times1,512\end{bmatrix}\times4$	$\begin{bmatrix}1\times1,128\\3\times3,128\\1\times1,512\end{bmatrix}\times8$
conv 4_x	14×14	$\begin{bmatrix}3\times3,256\\3\times3,256\end{bmatrix}\times2$	$\begin{bmatrix}3\times3,256\\3\times3,256\end{bmatrix}\times6$	$\begin{bmatrix}1\times1,256\\3\times3,256\\1\times1,1024\end{bmatrix}\times6$	$\begin{bmatrix}1\times1,256\\3\times3,256\\1\times1,1024\end{bmatrix}\times23$	$\begin{bmatrix}1\times1,256\\3\times3,256\\1\times1,1024\end{bmatrix}\times36$
conv 5_x	7×7	$\begin{bmatrix}3\times3,512\\3\times3,512\end{bmatrix}\times2$	$\begin{bmatrix}3\times3,512\\3\times3,512\end{bmatrix}\times3$	$\begin{bmatrix}1\times1,512\\3\times3,512\\1\times1,2048\end{bmatrix}\times3$	$\begin{bmatrix}1\times1,512\\3\times3,512\\1\times1,2048\end{bmatrix}\times3$	$\begin{bmatrix}1\times1,512\\3\times3,512\\1\times1,2048\end{bmatrix}\times3$
	1×1	\multicolumn{5}{c}{average pool, 1000-d fc, softmax}				
FLOPs		1.8×10^9	3.6×10^9	3.8×10^9	7.6×10^9	11.3×10^9

图 4-17 不同层数的 ResNet 架构

代码清单

```python
import torch
import torch.nn as nn
import torch.nn.functional as F


# 用于 ResNet18 和 34 的残差块，用的是 2 个 3×3 的卷积
class BasicBlock(nn.Module):
    expansion = 1

    def __init__(self, in_planes, planes, stride = 1):
        super(BasicBlock, self).__init__()
        self.conv1 = nn.Conv2d(in_planes, planes, kernel_size = 3,
                               stride = stride, padding = 1, bias = False)
        self.bn1 = nn.BatchNorm2d(planes)
        self.conv2 = nn.Conv2d(planes, planes, kernel_size = 3,
                               stride = 1, padding = 1, bias = False)
        self.bn2 = nn.BatchNorm2d(planes)
        self.shortcut = nn.Sequential()
        # 经过处理后的 x 要与 x 的维度相同(尺寸和深度)
        # 如果不相同，需要添加卷积 + BN 来变换为同一维度
        if stride != 1 or in_planes != self.expansion * planes:
            self.shortcut = nn.Sequential(
                nn.Conv2d(in_planes, self.expansion * planes,
                          kernel_size = 1, stride = stride, bias = False),
                nn.BatchNorm2d(self.expansion * planes)
            )

```

```python
28.     def forward(self, x):
29.         out = F.relu(self.bn1(self.conv1(x)))
30.         out = self.bn2(self.conv2(out))
31.         out += self.shortcut(x)
32.         out = F.relu(out)
33.         return out
34.
35.
36. #用于ResNet50,101和152的残差块,用的是1×1+3×3+1×1的卷积
37. class Bottleneck(nn.Module):
38.     #前面1×1和3×3卷积的filter个数相等,最后1×1卷积是其expansion倍
39.     expansion = 4
40.
41.     def __init__(self, in_planes, planes, stride = 1):
42.         super(Bottleneck, self).__init__()
43.         self.conv1 = nn.Conv2d(in_planes, planes, kernel_size = 1, bias = False)
44.         self.bn1 = nn.BatchNorm2d(planes)
45.         self.conv2 = nn.Conv2d(planes, planes, kernel_size = 3,
46.                                stride = stride, padding = 1, bias = False)
47.         self.bn2 = nn.BatchNorm2d(planes)
48.         self.conv3 = nn.Conv2d(planes, self.expansion * planes,
49.                                kernel_size = 1, bias = False)
50.         self.bn3 = nn.BatchNorm2d(self.expansion * planes)
51.
52.         self.shortcut = nn.Sequential()
53.         if stride != 1 or in_planes != self.expansion * planes:
54.             self.shortcut = nn.Sequential(
55.                 nn.Conv2d(in_planes, self.expansion * planes,
56.                           kernel_size = 1, stride = stride, bias = False),
57.                 nn.BatchNorm2d(self.expansion * planes)
58.             )
59.
60.     def forward(self, x):
61.         out = F.relu(self.bn1(self.conv1(x)))
62.         out = F.relu(self.bn2(self.conv2(out)))
63.         out = self.bn3(self.conv3(out))
64.         out += self.shortcut(x)
65.         out = F.relu(out)
66.         return out
67.
68. #定义ResNet类
69. class ResNet(nn.Module):
70.     def __init__(self, block, num_blocks, num_classes = 10):
71.         super(ResNet, self).__init__()
72.         self.in_planes = 64
73.
74.         self.conv1 = nn.Conv2d(3, 64, kernel_size = 3,
75.                                stride = 1, padding = 1, bias = False)
76.         self.bn1 = nn.BatchNorm2d(64)
77.
```

```
78.         self.layer1 = self._make_layer(block, 64, num_blocks[0], stride = 1)
79.         self.layer2 = self._make_layer(block, 128, num_blocks[1], stride = 2)
80.         self.layer3 = self._make_layer(block, 256, num_blocks[2], stride = 2)
81.         self.layer4 = self._make_layer(block, 512, num_blocks[3], stride = 2)
82.         self.linear = nn.Linear(512 * block.expansion, num_classes)
83.
84.     def _make_layer(self, block, planes, num_blocks, stride):
85.         strides = [stride] + [1] * (num_blocks – 1)
86.         layers = []
87.         for stride in strides:
88.             layers.append(block(self.in_planes, planes, stride))
89.             self.in_planes = planes * block.expansion
90.         return nn.Sequential( * layers)
91.
92.     def forward(self, x):
93.         out = F.relu(self.bn1(self.conv1(x)))
94.         out = self.layer1(out)
95.         out = self.layer2(out)
96.         out = self.layer3(out)
97.         out = self.layer4(out)
98.         out = F.avg_pool2d(out, 4)
99.         out = out.view(out.size(0), – 1)
100.        out = self.linear(out)
101.        return out
102.
103. # ResNet18 函数
104. def ResNet18():
105.     return ResNet(BasicBlock, [2,2,2,2])
106. # ResNet34 函数
107. def ResNet34():
108.     return ResNet(BasicBlock, [3,4,6,3])
109. # ResNet50 函数
110. def ResNet50():
111.     return ResNet(Bottleneck, [3,4,6,3])
112. # ResNet101 函数
113. def ResNet101():
114.     return ResNet(Bottleneck, [3,4,23,3])
115. # ResNet152 函数
116. def ResNet152():
117.     return ResNet(Bottleneck, [3,8,36,3])
```

4.3.5 网络模型对比

表 4-1 列出了常用深度卷积神经网络的名称、网络的深度、网络的参数量及其在 ImageNet 数据集中的图像分类精度。从表中的数据可以看出，增加网络层数的确能够提升图像分类的精度，从 AlexNet 的 8 层到 VGG 的 19 层，网络参数量从 60M 增加到 144M，图像分类 Top-5 错误率由 15.3% 下降到 7.1%。而采用残差结构的 ResNet 在图像分类任务上的 Top-5 错误率降低到了 4.5%。

表 4-1 常用网络模型对比

模　　型	深　　度	参　数　量	Top-5 错误率
AlexNet	8 层	60M	15.3%
VGG	19 层	144M	7.1%
GoogLeNet	31 层	8M	6.6%
ResNet	152 层	22M	4.5%

4.3.6　迁移学习

在大多数情况下，面对某一领域的某一特定问题，很难找到足够充分的训练数据，这是业内一个普遍存在的事实。利用迁移学习的技术，将其他数据源训练得到的模型，经过一定的修改和完善，就可以在类似的领域得到复用，大大缓解了数据源不足引起的问题。

预训练（Pretraining）技术已经逐渐成为了资源不足（数据或者运算力的不足）的 AI 项目的首选技术。迁移学习的基本思路是利用预训练模型，即已经通过现成的数据集训练好的模型（这里预训练的数据集可以对应完全不同的待解问题，例如，具有相同的输入，不同的输出）。开发者需要在预训练模型中找到能够输出可复用特征的层次（Layer），然后利用该层次的输出作为输入特征来训练那些需要参数较少的规模更小的神经网络。由于预训练模型此前已经习得了数据的组织模式，因此这个较小规模的网络只需要学习数据中针对特定问题的特定联系。

4.4　图像识别项目实战

项目简介：用 ImageNet 库的训练模型，可以实现 2.2 万类的图像分类，下面的例子将实现对如图 4-18 所示的图像进行分类。

图 4-18　图像识别数据集实例

代码清单

PyTorch 框架中有一个非常重要且好用的包，即 torchvision，该包主要由 3 个子包组成，分别是 torchvision.datasets、torchvision.models、torchvision.transforms。torchvision.models 这个包中包含 Alexnet、Densenet、Inception、ResNet、SqueezeNet、VGG 等常用的网络结构，并且提供了预训练模型，可以通过简单调用来读取网络结构和预训练模型。

```
1. import torch
2. from torchvision import models, datasets, transforms
3. from torch.utils.data import DataLoader, Dataset
4. from PIL import Image
```

```python
5.  import numpy as np
6.  import torchvision
7.  #构建类别索引词典
8.  f = open('./data/class_index.json')
9.  class_index = json.load(f)
10. print('class num:', len(class_index))
11. class_dict = {int(k): v[1] for k, v in class_index.items()}
12. print(class_dict)
13. class TestDataset():
14.     def __init__(self, root, transforms = None):
15.         imgs = os.listdir(root)
16.         self.imgs = [os.path.join(root, img) for img in imgs]
17.         self.transforms = transforms
18. 
19.     def __getitem__(self, index):
20.         img_path = self.imgs[index]
21.         img_pil = Image.open(img_path)
22.         label = None
23.         img_np = np.asarray(img_pil)
24.         data = self.transforms(img_pil)
25.         return data, img_np
26. 
27.     def __len__(self):
28.         return len(self.imgs)
29. #导入resnet50的预训练模型
30. resnet = torchvision.models.resnet50(pretrained = True)
31. #测试图像文件夹
32. test_dir = './data/real_image/'
33. test_dataset = TestDataset(test_dir, image_transforms)
34. print('test image num:', test_dataset.__len__())
35. alexnet.eval()
36. for data, img_np in test_dataset:
37.     #图像前处理
38.     img = torch.unsqueeze(data, 0)
39.     #ResNet推理
40.     output = resnet(img)
41.     #提取类别
42.     _, index = torch.max(output, 1)
43.     index = index.numpy()
44.     percentage = torch.nn.functional.softmax(output, dim = 1)[0] * 10
45.     print('top1 类别:')
46.     print(class_dict[index[0]], percentage[index[0]].item())
47.     _, indices = torch.sort(output, descending = True)
48.     indices = indices.numpy()
49.
```

4.5 本章小结

本章对 DCNN 的概念和构建方法进行了详细阐述。首先,简单描述了 DCNN 的起源以及发展,分析了 DCNN 的网络架构以及相关运算,包括卷积运算、激活函数和池化处理。最后对几种常用的 DCNN 网络模型进行介绍和分析,并给出了相应的代码。最后,通过项目进一步介绍了图像分类任务的实现方法。

4.6 习题

1. 常用的池化操作有哪些?各有什么特点?
2. 思考 Dropout 为何能防止过拟合?
3. 试介绍几种常用的 DCNN 模型。
4. 试计算 ResNet-50 的总参数量。
5. 对于给定卷积核的尺寸,如何计算特征图大小?

第 5 章

轻量级DCNN模型

CHAPTER 5

本章学习目标
- MobileNet 系列
- ShuffleNet 系列
- 轻量级 DCNN 模型对比

视频讲解

第 4 章介绍了常用的 DCNN 模型,这些模型在推理过程中都有较大的计算量,很难应用在移动端或嵌入式平台等资源受限的硬件设备上。越来越多的 DCNN 模型设计开始关注于资源受限场景中的效率问题,提出了多种轻量级的 DCNN 模型。其主要的设计目标是在保证一定识别精度的前提下,尽可能地减少网络规模(参数量、计算量)。本章将详细介绍轻量级 DCNN 模型的设计思路,并介绍两种常用的轻量级 DCNN 模型。本章内容的框图如图 5-1 所示。

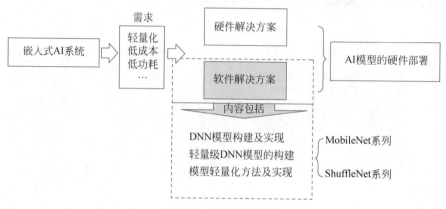

图 5-1 本章内容框图

目前比较成熟的轻量级网络包括 Google 公司的 MobileNet 系列,旷视公司的 ShuffleNet 系列等,这些轻量级的网络模型更适合 CPU 或是移动端硬件。如图 5-2 所示,2016 年直至现在,业内提出了 SqueezeNet、ShuffleNet、NSANet、MnasNet 以及 MobileNet (V1、V2 和 V3)等轻量级网络模型。这些模型使在移动终端、嵌入式设备中运行 DCNN 模型成为可能。本章将介绍两种常用的轻量级 DCNN 模型。

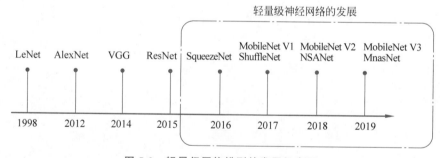

图 5-2 轻量级网络模型的发展示意图

5.1 MobileNet 系列

5.1.1 MobileNet V1

表 5-1 梳理了 MobileNet V1 的主要创新点,本节将分别介绍这些创新点。

表 5-1 MobileNet V1 主要创新点梳理

特　　性	作　　用
深度可分离卷积	替代常规卷积操作,减少参数量及计算量
宽度因子	调整神经网络中间产生特征大小的超参数
分辨率因子	通过调整输入数据的尺寸,调整网络的计算量
批规范化	加速训练收敛速度,提升准确度

1) 深度可分离卷积(Depthwise Separable Convolution)

卷积神经网络中,最费时间的就是其中的卷积运算,MobileNet 系列提出通过 Depthwise 卷积与 Pointwise 卷积替代常规的卷积,从而降低参数量及运算成本。

常规的卷积如图 5-3 所示,对于一张 5×5 像素 3 通道彩色输入图片(尺寸 5×5×3)。经过 3×3 卷积核的卷积层(假设输出通道数为 4,则卷积核的尺度为 3×3×3×4),最终输出 4 个特征图。深度可分离卷积是将一个完整的卷积运算分解为两步进行,即 Depthwise Convolution(DW)与 Pointwise Convolution(PW)。不同于常规卷积操作,Depthwise Convolution 的一个卷积核负责图像的一个通道,一个通道只被一个卷积核卷积。而常规卷积中每个卷积核是同时操作输入图片的每个通道。同样是对于一张 5×5 像素 3 通道彩色输入图片(尺寸为 5×5×3)。如图 5-4 所示,Depthwise Convolution 完成后的特征图数量与输入层的通道数相同,无法扩展特征图。而且这种运算对输入层的每个通道独立进行卷积运算,没有有效地利用不同通道在相同空间位置上的特征信息。因此需要 Pointwise Convolution 来将这些特征图进行组合生成新的特征图,如图 5-5 所示。Pointwise Convolution 的运算与常规卷积运算非常相似,它的卷积核的尺寸为 $1\times1\times M$,M 为预生成的通道数。所以这里的卷积运算会将上一步的输出在深度方向上进行加权组合,生成新的特征图。有几个 Pointwise Convolution 卷积核就有几个输出特征图,深度可分离卷积(Depthwise Separable)操作的示意图如图 5-6 所示。

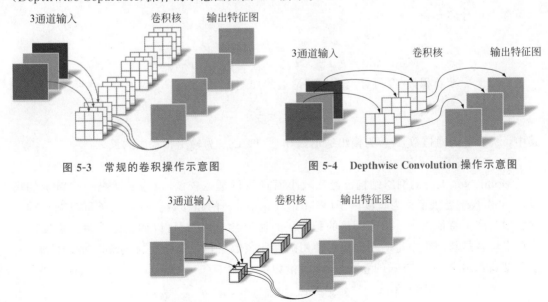

图 5-3　常规的卷积操作示意图

图 5-4　Depthwise Convolution 操作示意图

图 5-5　Pointwise Convolution 操作示意图

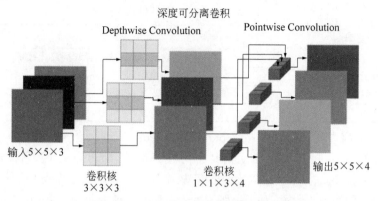

图 5-6 深度可分离卷积操作的示意图

2017 年 Google 提出了 MobileNet 模型，上述的深度可分离卷积为最大的创新点。以下比较不同卷积方式的参数量(params)和计算量(MultiAdd)，假设输入输出大小是一样的。

输入尺寸：$h_{in} \times w_{in} \times c_{in}$。
输出尺寸：$h_{out} \times w_{out} \times c_{out}$。
卷积核大小：k。

标准卷积

$$\text{params} = k^2 c_{in} c_{out}$$

$$\text{MultiAdd} = k^2 c_{in} c_{out} \times h_{out} w_{out}$$

Depthwise 卷积

$$\text{params} = k^2 c_{in}$$

$$\text{MultiAdd} = k^2 c_{in} \times h_{out} w_{out}$$

深度可分离卷积

$$\text{params} = k^2 c_{in} + c_{in} c_{out}$$

$$\text{MultiAdd} = k^2 c_{in} \times h_{out} w_{out} + c_{in} c_{out} \times h_{out} w_{out}$$

相对于标准卷积，深度可分离卷积理论上的加速比可达：

$$\frac{1}{c_{out}} + \frac{1}{k}$$

其中，c_{in} 为输入通道数，c_{out} 为输出通道数，h_{out} 和 w_{out} 为输出特征图的尺寸。

2) 宽度因子

MobileNet 本身的网络结构已经比较小而且执行延迟较低，但为了适配一些特定的场景，MobileNet 提供了称为宽度因子(Width Multiplier)的超参数。宽度因子可以调整神经网络中间产生特征大小。由于调整的是特征图通道数量，从而可以调整运算量。宽度因子简单来说就是新网络中每一个模块要使用的卷积核数量相较于标准的 MobileNet 比例。对于深度卷积结合 1×1 方式的卷积核，计算量为：

$$\text{MultiAdd} = k^2 \alpha c_{in} \times h_{out} w_{out} + \alpha c_{in} \times \alpha c_{out} \times h_{out} w_{out}$$

其中，α 为宽度因子，α 常用的配置为 1、0.75、0.5、0.25；当 α 等于 1 时就是标准的 MobileNet。通过参数 α 可以非常有效地将计算量和参数数量约减到接近 α 的平方。表 5-2

为 MobileNet V1 使用不同宽度因子进行网络参数的调整时,在 ImageNet 上的准确率、计算量、参数数量之间的关系(每一个项中最前面的数字表示 α 的取值)。可以看到当输入分辨率固定为 224×224 时,随着宽度因子的减少,模型的计算量和参数越来越小。宽度因子为 0.25 时,MobileNet 的准确率比标准版 MobileNet 低 20% 左右,但计算量和参数量几乎只有标准版 MobileNet 计算量和参数量的 10%。对于计算资源和存储资源都十分紧张的移动端平台,通过宽度因子调节网络的参数量的方法非常实用,可以按需调整宽度因子,达到准确率与性能的平衡。宽度因子一般写在 MobileNet 的前面,例如 α MobileNet,α 为宽度因子。

表 5-2　MobileNet V1 使用不同宽度因子的准确率、计算量、参数数量

宽度因子	准确率(Top1)	计算量(Million)	参数量(Million)
1.0MobileNet-224	70.6%	569	4.3
0.75MobileNet-224	68.4%	325	2.6
0.5MobileNet-224	63.7%	149	1.3
0.25MobileNet-224	50.6%	41	0.5

3) 分辨率因子

MobileNet 提供了另一个超参数——分辨率因子(Resolution Multiplier),供用户自定义网络结构。分辨率因子 β 的取值范围在 [0,1] 之间,是作用于每一个模块输入尺寸的约减因子,简单来说就是将输入数据以及由此在每一个模块产生的特征图都变小了,结合宽度因子 α,深度卷积结合 1×1 方式的卷积核计算量为:

$$\text{MultiAdd} = k^2 \alpha c_{in} \times \beta h_{out} \times \beta w_{out} + \alpha c_{in} \times \alpha c_{out} \times \beta h_{out} \times \beta w_{out}$$

下表为 MobileNet V1 使用不同的 β 系数作用于标准 MobileNet 时,在 ImageNet 上对精度和计算量的影响(α 固定为 1.0)。可以表达为 MobileNet−β∗S,S 为原尺寸 224。

表 5-3　MobileNet V1 使用不同分辨率因子的准确率、计算量、参数数量

分辨率因子	准确率(Top1)	计算量(Million)	参数量(Million)
1.0MobileNet-224	70.6%	569	4.3
1.0MobileNet-192	69.1%	418	4.2
1.0MobileNet-160	67.2%	290	4.2
1.0MobileNet-128	64.6%	186	4.2

图像分辨率的变化不会引起参数量的变化,只会改变模型的计算量。如表 5-3 所示,224 分辨率模型测试 ImageNet 数据集准确率为 70.6%,192 分辨率的模型准确率为 69.1%,但是计算量减少了 151M,在移动平台计算资源紧张的情况下,同样可以通过分辨率因子 β 调节网络输入特征图的分辨率,做模型精度与计算量的取舍。MobileNet V1 的网络结构如表 5-4 所示。

表 5-4　MobileNet V1 的网络结构

种类/步长	滤波器尺寸	输入尺寸
Conv/s2	3×3×3×32	224×224×3
Conv dw/s1	3×3×32	112×112×32
Conv/s1	1×1×32×64	112×112×32

续表

种类/步长			滤波器尺寸	输入尺寸
	Conv dw/s2		3×3×64	112×112×64
	Conv/s1		1×1×64×128	56×56×64
	Conv dw/s1		3×3×128	56×56×128
	Conv/s1		1×1×128×128	56×56×128
	Conv dw/s2		3×3×128	56×56×128
	Conv/s1		1×1×128×256	28×28×128
	Conv dw/s1		3×3×256	28×28×256
	Conv/s1		1×1×256×256	28×28×256
	Conv dw/s2		3×3×256	28×28×256
	Conv/s1		1×1×256×512	14×14×256
5×	Conv dw/s1		3×3×512	14×14×512
	Conv/s1		1×1×512×512	14×14×512
	Conv dw/s2		3×3×512	14×14×512
	Conv/s1		1×1×512×1024	7×7×512
	Conv dw/s2		3×3×1024	7×7×1024
	Conv/s1		1×1×1024×1024	7×7×1024
	Avg Pool/s1		Pool 7×7	7×7×1024
	FC/s1		1024×1000	1×1×1024
	Softmax/s1		Classfier	1×1×1000

5.1.2 MobileNet V2

2018年，Google推出了MobileNet V2版本，引入了Inverted Residuals和Linear Bottlenecks两个模块。MobileNet V2主要借鉴了ResNet的残差网络的思想，在残差单元上进行了修改，成为Inverted Residuals模块。Linear Bottleneck将最后一层的激活函数从ReLU替换成线性激活函数，而其他层的激活函数依然是ReLU。

1) Inverted Residuals

ResNet中提出的残差结构解决训练中随着网络深度的增加而出现的梯度消失问题，使反向传播过程中网络的浅层部分也能有效地得到梯度更新，从而提高特征的表达能力。在ResNet的残差结构的启发下，MobileNet的残差结构如图5-7所示。Inverted Residual，顾名思义，颠倒的残差，其与ResNet中经典的残差块的结构相反。

2) Linear Bottleneck

Bottleneck结构首次被提出是在ResNet网络中。该结构第一层使用PW Convolution，第二层使用3×3大小卷积核进行DW Convolution，第三层使用逐点卷积。MobileNet中的Bottleneck结构最后一层PW Convolution使用的激活函数是Linear，所以称其为线性瓶颈结构（Linear Bottleneck）。图5-8展示了MobileNet V1和MobileNet V2在深度可分离卷积模块结构上的差异。MobileNet V2的网络结构如表5-5所示，创新点如表5-6所示。

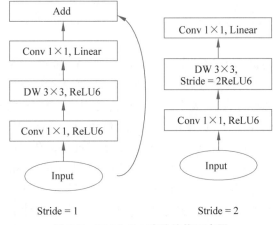

图 5-7 MobileNet 残差结构示意图

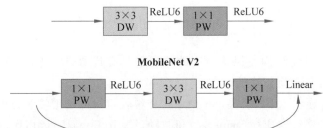

图 5-8 MobileNet V1 和 MobileNet V2 在深度可分离卷积模块结构上的差异

表 5-5 MobileNet V2 的网络结构

输 入	种 类	膨胀因子(t)	输出特征图数量(c)	重复次数(n)	步长(s)
$224\times224\times3$	Conv2d	—	32	1	2
$112\times112\times32$	Bottleneck	1	16	1	1
$112\times112\times16$	Bottleneck	6	24	2	2
$56\times56\times24$	Bottleneck	6	32	3	2
$28\times28\times32$	Bottleneck	6	64	4	2
$14\times14\times64$	Bottleneck	6	96	3	1
$14\times14\times96$	Bottleneck	6	160	3	2
$7\times7\times160$	Bottleneck	6	320	1	1
$7\times7\times320$	Conv2d 1×1	—	1280	1	1
$7\times7\times1280$	Avg Pool 7×7	—	—	1	—
$1\times1\times1280$	Conv2d 1×1	—	k	—	

表 5-6 MobileNet V2 主要创新点

特 性	作 用
线性瓶颈结构 (Linear Bottleneck)	减少参数量及计算量
Inverted Residuals	解决梯度消失问题,提高特征的表达能力
平均池化与逐点卷积	代替全连接层,减少参数量

5.1.3 MobileNet V3

2019年Google公司提出了MobileNet V3。首先，MobileNet V3中利用了5×5大小的深度卷积代替部分3×3的深度卷积，在神经结构搜索（NAS）技术在搜索MobileNet V3网络结构的过程中，发现使用5×5大小的卷积核比使用3×3大小的卷积核效果更好，且准确率更高；其次，引入Squeeze-and-excitation（SE）模块和H-Swish（HS）激活函数以提高模型精度；最后，结尾两层Pointwise Convolution不使用批规范化（Batch Norm）（MobileNet V3结构图中使用NBN标识部分）。MobileNet V3分为Large和Small两个版本，Large版本适用于计算和存储性能较高的平台，而Small版本适用于硬件性能较低的平台。

在嵌入式设备中计算Sigmoid函数是会耗费相当多的计算资源的，因此提出了H-Swish（Hard Version of Swish）作为激活函数。而且随着网络的加深，非线性激活函数的成本也会随之减少。所以，只有在较深的层使用H-Swish才能获得更大的优势，激活函数H-Swish的表达式如下：

$$\text{H\_Swish}[x] = x\frac{\text{ReLU6}(x+3)}{6}$$

可以看出，其非线性结构在保持精度的情况下具有优势，ReLU6[①]在量化时会避免数值精度的损失，而且具有运行快的特点。

MobileNet V3还引入SE模块，SE模块是一种轻量级的通道注意力模块。如图5-9所示，一个SE模块主要包含压缩（Squeeze）和激励（Excitation）两部分，W、H表示特征图宽与高，C表示通道数，则输入特征图大小为$W \times H \times C$。

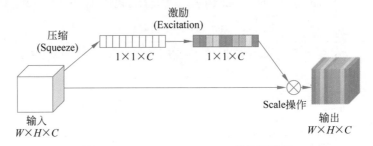

图5-9 Squeeze-and-excitation模块示意图

表5-7和表5-8介绍了MobileNet V3 Large与MobileNet V3 Small的网络结构。同时，我们梳理了MobileNet V3主要创新点，如表5-9所示。

表5-7 MobileNet V3 Large结构示意图

输 入	种 类	输出通道数量（c）	SE	激活函数	步长（s）
224×224×3	Conv2d	16	——	HS	2
112×112×16	Bottleneck 3×3	16	——	ReLU	1
112×112×16	Bottleneck 3×3	24	——	ReLU	2

---

① ReLU 6是普通的ReLU函数，但限制其最大输出为6。

续表

输　　入	种　　类	输出通道数量（c）	SE	激活函数	步长（s）
56×56×24	Bottleneck 3×3	24	——	ReLU	1
56×56×24	Bottleneck 5×5	40	√	ReLU	2
28×28×40	Bottleneck 5×5	40	√	ReLU	1
28×28×40	Bottleneck 5×5	40	√	ReLU	1
28×28×40	Bottleneck 3×3	80	——	HS	2
14×14×80	Bottleneck 3×3	80	——	HS	1
14×14×80	Bottleneck 3×3	80	——	HS	1
14×14×80	Bottleneck 3×3	80	——	HS	1
14×14×80	Bottleneck 3×3	112	√	HS	1
14×14×112	Bottleneck 3×3	112	√	HS	1
14×14×112	Bottleneck 5×5	160	√	HS	1
14×14×112	Bottleneck 5×5	160	√	HS	2
7×7×160	Bottleneck 5×5	160	√	HS	1
7×7×160	Conv2d 1×1	960	——	HS	1
7×7×960	Pool 7×7	—	—	HS	—
1×1×960	Conv2d 1×1 NBN	1280	—	HS	1
1×1×1280	Conv2d 1×1 NBN	—		k	—

表 5-8　MobileNet V3 Small 的网络结构

输　　入	种　　类	输出通道数量（c）	SE	激活函数	步长（s）
224×224×3	Conv2d 3×3	16	——	HS	2
112×112×24	Bottleneck 3×3	16	√	ReLU	2
56×56×24	Bottleneck 3×3	24	——	ReLU	2
28×28×24	Bottleneck 3×3	24	——	ReLU	1
28×28×40	Bottleneck 5×5	40	√	HS	1

续表

输 入	种 类	输出通道数量(c)	SE	激活函数	步长(s)
14×14×40	Bottleneck 5×5	40	√	HS	1
14×14×40	Bottleneck 5×5	48	√	HS	1
14×14×40	Bottleneck 5×5	48	√	HS	1
14×14×48	Bottleneck 5×5	96	√	HS	1
14×14×96	Bottleneck 5×5	96	√	HS	2
7×7×96	Bottleneck 5×5	96	√	HS	1
7×7×96	Bottleneck 5×5	576	√	HS	1
7×7×96	Conv2d 1×1	—	√	HS	1
7×7×576	Pool 7×7	1280	—	HS	7
1×1×576	Conv2d 1×1	—	—	HS	1
1×1×1280	Conv2d 1×1	k	—	HS	—

表 5-9　MobileNet V3 主要创新点

特　　性	作　　用
5×5 卷积核	代替 3×3 卷积
SE 模块	使得有效权重大,提高准确率
H-Swish 激活函数	代替部分 ReLU 激活函数

表 5-10 给出了 MobileNet 系列与常用的 DCNN 模型在准确度、计算量、参数量的对比结果,可以参考实验结果,根据实际需求选择更适合的网络模型。

表 5-10　MobileNet 系列与常用 DCNN 模型在准确度、计算量、参数量的对比结果

模　　型	准确率(Top1)	计算量(Million)	参数量(Million)
VGG-16	71.5%	15300	138
GoogleNet	69.8%	1550	6.8
MobileNet V1	70.6%	569	4.2
MobileNet V2	72.0%	326	3.4
MobileNet V3-Large	75.2%	219	5.4
MobileNet V3-Small	67.4%	66	2.9

5.2　ShuffleNet 系列

5.2.1　ShuffleNet V1

ShuffleNet 是旷视科技公司提出的一种轻量化 CNN 模型,与 MobileNet 一样,主要是

希望将其应用于移动端或嵌入式设备端。ShuffleNet 的核心是采用了两种操作,Pointwise Group Convolution 和 Channel Shuffle,保证在保持精度的同时大幅地降低了模型的计算量。

　　Channel Shuffle 的示意图如图 5-10 所示。如图 5-10(a)所示,例如,输入的特征图的数量为 N,该卷积层的滤波器数量为 M,那么 M 个卷积核中的每一个滤波器都要和 N 个特征图做卷积,而后相加作为一个卷积的结果。如果引入分组操作的话,设小组数量为 g,那么 N 个输入特征图就被分成 g 个小组,而 M 个卷积核也被分成 g 个小组,然后在做卷积操作的时候,第一个小组中的 M/g 个滤波器中的和第一个小组的 N/g 个输入特征图做卷积得到结果,第二个小组到最后一个小组同理。很显然,这种操作可以大幅地减少计算量,因为每个卷积核不再是与全部特征图做卷积,而是和一个组的特征图做卷积。但是如果多个分组操作叠加在一起的话,会产生边界效应,也就是某个输出层仅来自输入层的一小部分,导致训练的特征非常局限。ShuffleNet 提出了通过 Channel Shuffle 来解决这个问题,如图 5-10(b)所示在 GConv2 之前,先对其输入的特征图做分配,将每个小组分成多个更小的组(Sub-group),然后将不同小组的 Sub-group 作为 GConv2 的一个小组的输入,使得 GConv2 的每一个小组都能卷积输入到的所有小组的特征图,这和 5-10(c)的思想是一样的。

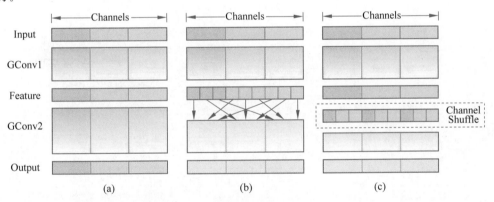

图 5-10　Channel Shuffle 与 Group Convolution 示意图

　　基于上面的设计理念,首先构造如图 5-11 所示的 ShuffleNet 的基本单元。ShuffleNet 的基本单元是在残差单元的基础上改进而成的。5-11(a)为 MobileNet 残差单元的结构。如图 5-11(b)所示,ShuffleNet 进行如下改进。首先将 1×1 的 Depth Convolution 替换成 1×1 的 Group Convolution;之后在第一个 1×1 卷积之后增加了一个 Channel Shuffle 操作。对于残差单元,如果步长(Stride)为 1 时,由于输入与输出尺度一致便可以直接相加,而当步长为 2 时,通道数增加,同时特征图的尺度减小,导致输入与输出不匹配。ShuffleNet 提出的策略如图 5-11(c)所示,对原输入采用步长为 2 的 3×3 平均池化,得到和输出一样大小的特征图,然后将得到的特征图与输出进行连接,而不是相加,其目的主要是降低计算量与参数大小。

　　基于以上改进的 ShuffleNet 基本单元,设计的 ShuffleNet V1 模型结构如表 5-11 所示。

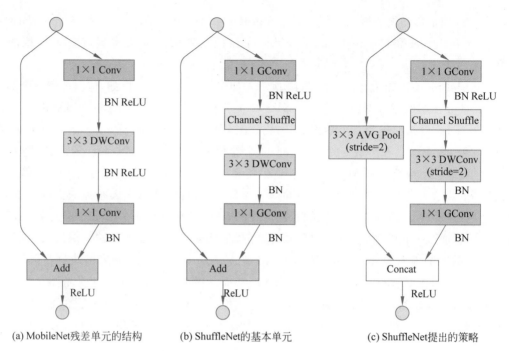

图 5-11 ShuffleNet 的基本单元

表 5-11 ShuffleNet V1 模型结构

层	输出尺寸	K 尺寸	步长	重复次数	输出通道(g groups)				
					$g=1$	$g=2$	$g=3$	$g=4$	$g=8$
Image	224×224				3	3	3	3	3
Conv1	112×112	3×3	2	1	24	24	24	24	25
MaxPool	56×56	3×3	2						
Stage2	28×28		2	1	144	200	240	272	384
	28×28		1	3	144	200	240	272	384
Stage3	14×14		2	1	288	400	480	544	768
	14×14		1	7	288	400	480	544	768
Stage4	7×7		2	1	576	800	960	1088	1536
	7×7		1	3	576	800	960	1088	1536
GlobalPool	1×1	7×7							
FC					1000	1000	1000	1000	1000
Complexity					143M	140M	137M	133M	137M

5.2.2 ShuffleNet V2

旷视科技又提出了 ShuffleNet V2，主要的想法是在设计网络结构时，需要同时考虑计算量 FLOPs、内存的访问代价（Memory Access Cost，MAC）、并行化对应的时间，以及不同的部署环境 ARM 或者 GPU。在考虑上述因素的前提下，提出网络设计方面的原则如下。

（G1）卷积输入的通道数与输出的通道数应该尽量相同，这时 MAC 最小；

（G2）过多的 Group Convolution 会增加内存访问时间；

(G3) 网络分支数量多会降低并行度；

(G4) Element wise(逐个元素运算)的运算增加内存访问时间。在计算 FLOPs 时往往只考虑卷积中的乘法操作，Element wise(ReLU 激活、偏置、单位加等)往往被忽略，这些操作看似数量很少，它对模型速度的影响却很大。

从上面的原则可以看出，ShuffleNet V1 与 MobileNet 系列都存在可以改进的空间。ShuffleNet V2 在 ShuffleNet V1 的基础上做的改进方案如下。

(1) 在输入层提出了 Channel Split 模型，代替原来 Group Convolution 的作用；

(2) 在输出结果时采用连接(Concat)操作，替代以前的加(Add)操作；

(3) 移除部分的 Channel Shuffle 操作。

图 5-12 对比了 ShuffleNet V1 和 V2 的基本单元，图 5-12(a)和图 5-12(b)都是 ShuffleNet V1 里面的基本单元，图 5-12(c)和图 5-12(d)则为 ShuffleNet V2 的基本单元。

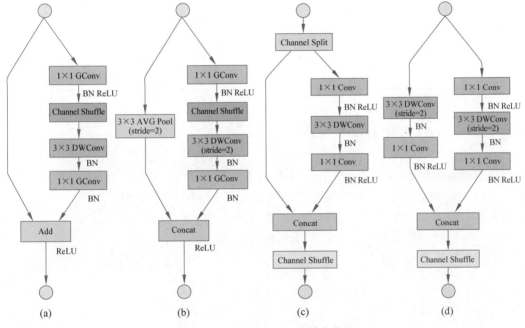

图 5-12 ShuffleNet V2 的基本单元

在图 5-12(c)中可以看到使用了 Channel Split 操作，这个操作将输入特征的通道 c 分成 c-c' 和 c'，其目的是尽量控制分支数，以满足 G3 原则。

相比于 ShuffleNet V1，ShuffleNet V2 基本单元中的两个 1×1 卷积不再是分组卷积，满足 G2 原则，另外两个分支都采用连接操作进行合并，这样使得每个基本单元的输入通道数和输出通道数一样，这个操作可以满足 G1 原则。

ShuffleNet V2 的基本单元中已经没有了 ShuffleNet V1 中的 Add 和 ReLU 操作了，同时 Depthwise 卷积只在一个分支里面。Channel shuffle 以及 Channel split 这三个 Element wise 的相关操作已经合并成为一个单独的 Element wise 操作，这个操作可以满足 G4 原则。

基于以上改进的 ShuffleNet 基本单元，设计的 ShuffleNet V2 模型结构如表 5-12 所示。

表 5-12 ShuffleNet V2 模型结构

层	输出尺寸	K尺寸	步长	重复次数	输出通道			
					0.5×	1×	1.5×	2×
Image	224×224				3	3	3	3
Conv1	112×112	3×3	2	1	24	24	24	24
MaxPool	56×56	3×3	2					
Stage2	28×28		2	1	48	116	176	244
	28×28		1	3				
Stage3	14×14		2	1	96	232	352	488
	14×14		1	7				
Stage4	7×7		2	1	192	464	704	976
	7×7		1	3				
Conv5	7×7	1×1	1	1	1024	1024	1024	2048
GlobalPool	1×1	7×7						
FC					1000	1000	1000	1000
FLOPs					41M	146M	299M	591M
Weights					1.4M	2.3M	3.5M	7.4M

5.3 轻量级 DCNN 模型对比

在 ShuffleNet V2 论文中对多种轻量级 DCNN 模型进行了对比实验，在 COCO 目标检测数据集中的检查实验结果如表 5-13 所示，介绍 FLOPs 为 500M 的情况。可以看出 ShuffleNet V2 在 GPU 平台上是最快的，精度也是最高的。

表 5-13 轻量级 DCNN 模型对比

模　　型	mmAP/(%)	GPU 平台速度(Images/s)
ShuffleNet V1	32.9	60
MobileNet V2	30.6	72
ShuffleNet V2	33.3	87

5.4 项目实战

构建 MobileNet V3 和 ShuffleNet V2 网络模型，并进行测试。
代码清单

5.4.1 MobileNet V3 模型构建

```
1. #导入库
2. import torch
3. import torch.nn as nn
4. import torch.nn.functional as F
```

```
5.   __all__ = ['MobileNet V3', 'mobilenetv3']
6.
7.   def conv_bn(inp, oup, stride, conv_layer = nn.Conv2d, norm_layer = nn.BatchNorm2d, nlin_layer = nn.ReLU):
8.       return nn.Sequential(
9.           conv_layer(inp, oup, 3, stride, 1, bias = False),
10.          norm_layer(oup),
11.          nlin_layer(inplace = True)
12.      )
13.
14.
15.  def conv_1x1_bn(inp, oup, conv_layer = nn.Conv2d, norm_layer = nn.BatchNorm2d, nlin_layer = nn.ReLU):
16.      return nn.Sequential(
17.          conv_layer(inp, oup, 1, 1, 0, bias = False),
18.          norm_layer(oup),
19.          nlin_layer(inplace = True)
20.      )
21.
22.  # 定义 H-Swish(HS)激活函数
23.  class Hswish(nn.Module):
24.      def __init__(self, inplace = True):
25.          super(Hswish, self).__init__()
26.          self.inplace = inplace
27.
28.      def forward(self, x):
29.          return x * F.relu6(x + 3., inplace = self.inplace) / 6.
30.
31.  class Hsigmoid(nn.Module):
32.      def __init__(self, inplace = True):
33.          super(Hsigmoid, self).__init__()
34.          self.inplace = inplace
35.
36.      def forward(self, x):
37.          return F.relu6(x + 3., inplace = self.inplace) / 6.
38.
39.  # 定义 SE 模块
40.  class SEModule(nn.Module):
41.      def __init__(self, channel, reduction = 4):
42.          super(SEModule, self).__init__()
43.          self.avg_pool = nn.AdaptiveAvgPool2d(1)
44.          self.fc = nn.Sequential(
45.              nn.Linear(channel, channel // reduction, bias = False),
46.              nn.ReLU(inplace = True),
47.              nn.Linear(channel // reduction, channel, bias = False),
48.              Hsigmoid()
49.              # nn.Sigmoid()
50.          )
51.
52.      def forward(self, x):
```

```
53.         b, c, _, _ = x.size()
54.         y = self.avg_pool(x).view(b, c)
55.         y = self.fc(y).view(b, c, 1, 1)
56.         return x * y.expand_as(x)
57.
58.
59. class Identity(nn.Module):
60.     def __init__(self, channel):
61.         super(Identity, self).__init__()
62.
63.     def forward(self, x):
64.         return x
65.
66.
67. def make_divisible(x, divisible_by = 8):
68.     import numpy as np
69.     return int(np.ceil(x * 1. / divisible_by) * divisible_by)
70.
71. # 定义 Bottleneck
72. class MobileBottleneck(nn.Module):
73.     def __init__(self, inp, oup, kernel, stride, exp, se = False, nl = 'RE'):
74.         super(MobileBottleneck, self).__init__()
75.         assert stride in [1, 2]
76.         assert kernel in [3, 5]
77.         padding = (kernel - 1) // 2
78.         self.use_res_connect = stride == 1 and inp == oup
79.         conv_layer = nn.Conv2d
80.         norm_layer = nn.BatchNorm2d
81.         if nl == 'RE':
82.             nlin_layer = nn.ReLU # or ReLU6
83.         elif nl == 'HS':
84.             nlin_layer = Hswish
85.         else:
86.             raise NotImplementedError
87.         if se:
88.             SELayer = SEModule
89.         else:
90.             SELayer = Identity
91.
92.         self.conv = nn.Sequential(
93.             # pw
94.             conv_layer(inp, exp, 1, 1, 0, bias = False),
95.             norm_layer(exp),
96.             nlin_layer(inplace = True),
97.             # dw
98.             conv_layer(exp, exp, kernel, stride, padding, groups = exp, bias = False),
99.             norm_layer(exp),
100.            SELayer(exp),
101.            nlin_layer(inplace = True),
102.            # pw-linear
```

```
103.                conv_layer(exp, oup, 1, 1, 0, bias = False),
104.                norm_layer(oup),
105.            )
106.
107.    def forward(self, x):
108.        if self.use_res_connect:
109.            return x + self.conv(x)
110.        else:
111.            return self.conv(x)
112.
113. #定义 MobileNet V2 网络类
114. class MobileNet V3(nn.Module):
115.    def __init__(self, n_class = 1000, input_size = 224, dropout = 0.8, mode = 'small',
        width_mult = 1.0):
116.        super(MobileNet V3, self).__init__()
117.        input_channel = 16
118.        last_channel = 1280
119.        if mode == 'large':
120.            #对应表 5-7 的网络结构
121.            mobile_setting = [
122.                # k, exp, c, se,    nl, s,
123.                [3, 16, 16, False, 'RE', 1],
124.                [3, 64, 24, False, 'RE', 2],
125.                [3, 72, 24, False, 'RE', 1],
126.                [5, 72, 40, True, 'RE', 2],
127.                [5, 120, 40, True, 'RE', 1],
128.                [5, 120, 40, True, 'RE', 1],
129.                [3, 240, 80, False, 'HS', 2],
130.                [3, 200, 80, False, 'HS', 1],
131.                [3, 184, 80, False, 'HS', 1],
132.                [3, 184, 80, False, 'HS', 1],
133.                [3, 480, 112, True, 'HS', 1],
134.                [3, 672, 112, True, 'HS', 1],
135.                [5, 672, 160, True, 'HS', 2],
136.                [5, 960, 160, True, 'HS', 1],
137.                [5, 960, 160, True, 'HS', 1],
138.            ]
139.        elif mode == 'small':
140.            #对应表 5-8 的网络结构
141.            mobile_setting = [
142.                # k, exp, c, se,    nl, s,
143.                [3, 16, 16, True, 'RE', 2],
144.                [3, 72, 24, False, 'RE', 2],
145.                [3, 88, 24, False, 'RE', 1],
146.                [5, 96, 40, True, 'HS', 2],
147.                [5, 240, 40, True, 'HS', 1],
148.                [5, 240, 40, True, 'HS', 1],
149.                [5, 120, 48, True, 'HS', 1],
150.                [5, 144, 48, True, 'HS', 1],
151.                [5, 288, 96, True, 'HS', 2],
```

```python
152.                [5, 576, 96, True, 'HS', 1],
153.                [5, 576, 96, True, 'HS', 1],
154.            ]
155.        else:
156.            raise NotImplementedError
157.
158.        # 构建第一层
159.        assert input_size % 32 == 0
160.        last_channel = make_divisible(last_channel * width_mult) if width_mult > 1.0 else last_channel
161.        self.features = [conv_bn(3, input_channel, 2, nlin_layer = Hswish)]
162.        self.classifier = []
163.
164.        # 构建 mobile blocks
165.        for k, exp, c, se, nl, s in mobile_setting:
166.            output_channel = make_divisible(c * width_mult)
167.            exp_channel = make_divisible(exp * width_mult)
168.            self.features.append(MobileBottleneck(input_channel, output_channel, k, s, exp_channel, se, nl))
169.            input_channel = output_channel
170.
171.        # 构建最后几层
172.        if mode == 'large':
173.            last_conv = make_divisible(960 * width_mult)
174.            self.features.append(conv_1x1_bn(input_channel, last_conv, nlin_layer = Hswish))
175.            self.features.append(nn.AdaptiveAvgPool2d(1))
176.            self.features.append(nn.Conv2d(last_conv, last_channel, 1, 1, 0))
177.            self.features.append(Hswish(inplace = True))
178.        elif mode == 'small':
179.            last_conv = make_divisible(576 * width_mult)
180.            self.features.append(conv_1x1_bn(input_channel, last_conv, nlin_layer = Hswish))
181.            # self.features.append(SEModule(last_conv)) # refer to paper Table2, but I think this is a mistake
182.            self.features.append(nn.AdaptiveAvgPool2d(1))
183.            self.features.append(nn.Conv2d(last_conv, last_channel, 1, 1, 0))
184.            self.features.append(Hswish(inplace = True))
185.        else:
186.            raise NotImplementedError
187.
188.        # 构建 nn.Sequential
189.        self.features = nn.Sequential( * self.features)
190.
191.        # 构建分类器层
192.        self.classifier = nn.Sequential(
193.            nn.Dropout(p = dropout),    # refer to paper section 6
194.            nn.Linear(last_channel, n_class),
195.        )
196.
```

```
197.            self._initialize_weights()
198.
199.        def forward(self, x):
200.            x = self.features(x)
201.            x = x.mean(3).mean(2)
202.            x = self.classifier(x)
203.            return x
204.        #权重初始化
205.        def _initialize_weights(self):
206.            for m in self.modules():
207.                if isinstance(m, nn.Conv2d):
208.                    nn.init.kaiming_normal_(m.weight, mode = 'fan_out')
209.                    if m.bias is not None:
210.                        nn.init.zeros_(m.bias)
211.                elif isinstance(m, nn.BatchNorm2d):
212.                    nn.init.ones_(m.weight)
213.                    nn.init.zeros_(m.bias)
214.                elif isinstance(m, nn.Linear):
215.                    nn.init.normal_(m.weight, 0, 0.01)
216.                    if m.bias is not None:
217.                        nn.init.zeros_(m.bias)
218.
219.
220. def mobilenetv3(pretrained = False, ** kwargs):
221.     model = MobileNet V3(** kwargs)
222.     if pretrained:
223.         state_dict = torch.load('mobilenetv3_small_67.4.pth.tar')
224.         model.load_state_dict(state_dict, strict = True)
225.
226.     return model
227.
228.
229. if __name__ == '__main__':
230.     net = mobilenetv3(n_class = 2)
231.     print('mobilenetv3:\n', net)
232.     print('Total params: %.2fM' % (sum(p.numel() for p in net.parameters())/1000000.0))
233.     input_size = (1, 3, 224, 224)
234.     x = torch.randn(input_size)
235.     out = net(x)
236. #构建 SE 模块
237. class SEModule(nn.Module):
238.     def __init__(self, channel, reduction = 4):
239.         super(SEModule, self).__init__()
240.         self.avg_pool = nn.AdaptiveAvgPool2d(1)
241.         self.fc = nn.Sequential(
242.             nn.Linear(channel, channel // reduction, bias = False),
243.             nn.ReLU(inplace = True),
244.             nn.Linear(channel // reduction, channel, bias = False),
245.             Hsigmoid()
246.             # nn.Sigmoid()
```

```
247.            )
248.
249.     def forward(self, x):
250.         b, c, _, _ = x.size()
251.         y = self.avg_pool(x).view(b, c)
252.         y = self.fc(y).view(b, c, 1, 1)
253.         return x * y.expand_as(x)
254.
255. #Swish 和 H-Swish 激活函数
256. import torch
257. from torch import nn
258. import torch.nn.functional as F
259. import numpy as np
260. import matplotlib.pyplot as plt
261. from torch.autograd import Variable
262.
263. class Hswish(nn.Module):
264.     def __init__(self, inplace = True):
265.         super(Hswish, self).__init__()
266.         self.inplace = inplace
267.
268.     def forward(self, x):
269.         return x * F.relu6(x + 3., inplace = self.inplace) / 6.
270.
271. class Hsigmoid(nn.Module):
272.     def __init__(self, inplace = True):
273.         super(Hsigmoid, self).__init__()
274.         self.inplace = inplace
275.
276.     def forward(self, x):
277.         return F.relu6(x + 3., inplace = self.inplace) / 6
278.
279. def _group_conv(x, filters, kernel, stride, groups):
280.     """
281.     Group convolution
282.     # Arguments
283.         x: Tensor, input tensor of with `channels_last` or 'channels_first' data format
284.         filters: Integer, number of output channels
285.         kernel: An integer or tuple/list of 2 integers, specifying the
286.             width and height of the 2D convolution window.
287.         strides: An integer or tuple/list of 2 integers,
288.             specifying the strides of the convolution along the width and height.
289.             Can be a single integer to specify the same value for
290.             all spatial dimensions.
291.         groups: Integer, number of groups per channel
292.
293.     # Returns
294.         Output tensor
295.     """
296.
```

```
297.    channel_axis = 1 if K.image_data_format() == 'channels_first' else -1
298.    in_channels = K.int_shape(x)[channel_axis]
299.
300.    #每组输入通道数量
301.    nb_ig = in_channels // groups
302.    #每组输出的通道数量
303.    nb_og = filters // groups
304.
305.    gc_list = []
306.    #确定过滤器的数量是否可被组的数量整除
307.    assert filters % groups == 0
308.
309.    for i in range(groups):
310.        if channel_axis == -1:
311.            x_group = Lambda(lambda z: z[:, :, :, i * nb_ig: (i + 1) * nb_ig])(x)
312.        else:
313.            x_group = Lambda(lambda z: z[:, i * nb_ig: (i + 1) * nb_ig, :, :])(x)
314.        gc_list.append(Conv2D(filters = nb_og, kernel_size = kernel, strides = stride,
315.            padding = 'same', use_bias = False)(x_group))
316.
317.    return Concatenate(axis = channel_axis)(gc_list)
```

5.4.2 ShuffleNet V2 模型构建

```
1.  def split(x, groups):
2.      out = x.chunk(groups, dim = 1)
3.
4.      return out
5.
6.
7.  def shuffle( x, groups):
8.      N, C, H, W = x.size()
9.      out = x.view(N, groups, C // groups, H, W).permute(0, 2, 1, 3, 4).contiguous().view
            (N, C, H, W)
10.     return out
11. #构建 Shuffle 类
12. class ShuffleUnit(nn.Module):
13.     def __init__(self, in_channels, out_channels, stride):
14.         super().__init__()
15.         mid_channels = out_channels // 2
16.         if stride > 1:
17.             self.branch1 = nn.Sequential(
18.                 nn.Conv2d(in_channels, in_channels, 3, stride = stride, padding = 1,
                        groups = in_channels, bias = False),
19.                 nn.BatchNorm2d(in_channels),
20.                 nn.Conv2d(in_channels, mid_channels, 1, bias = False),
21.                 nn.BatchNorm2d(mid_channels),
22.                 nn.ReLU(inplace = True)
```

```
23.            )
24.        self.branch2 = nn.Sequential(
25.            nn.Conv2d(in_channels, mid_channels, 1, bias = False),
26.            nn.BatchNorm2d(mid_channels),
27.            nn.ReLU(inplace = True),
28.            nn.Conv2d(mid_channels, mid_channels, 3, stride = stride, padding = 1,
                    groups = mid_channels, bias = False),
29.            nn.BatchNorm2d(mid_channels),
30.            nn.Conv2d(mid_channels, mid_channels, 1, bias = False),
31.            nn.BatchNorm2d(mid_channels),
32.            nn.ReLU(inplace = True)
33.        )
34.    else:
35.        self.branch1 = nn.Sequential()
36.        self.branch2 = nn.Sequential(
37.            nn.Conv2d(mid_channels, mid_channels, 1, bias = False),
38.            nn.BatchNorm2d(mid_channels),
39.            nn.ReLU(inplace = True),
40.            nn.Conv2d(mid_channels, mid_channels, 3, stride = stride, padding = 1,
                    groups = mid_channels, bias = False),
41.            nn.BatchNorm2d(mid_channels),
42.            nn.Conv2d(mid_channels, mid_channels, 1, bias = False),
43.            nn.BatchNorm2d(mid_channels),
44.            nn.ReLU(inplace = True)
45.        )
46.    self.stride = stride
47.    def forward(self, x):
48.        if self.stride == 1:
49.            x1, x2 = split(x, 2)
50.            out = torch.cat((self.branch1(x1), self.branch2(x2)), dim = 1)
51.        else:
52.            out = torch.cat((self.branch1(x), self.branch2(x)), dim = 1)
53.        out = shuffle(out, 2)
54.        return out
55. #构建 ShuffleNet V2 网络结构
56. class ShuffleNetV2(nn.Module):
57.    def __init__(self, channel_num, class_num = settings.CLASSES_NUM):
58.        super().__init__()
59.        self.conv1 = nn.Sequential(
60.            nn.Conv2d(3, 24, 3, stride = 2, padding = 1, bias = False),
61.            nn.BatchNorm2d(24),
62.            nn.ReLU(inplace = True)
63.        )
64.        self.maxpool = nn.MaxPool2d(kernel_size = 3, stride = 2, padding = 1)
65.        self.stage2 = self.make_layers(24, channel_num[0], 4, 2)
66.        self.stage3 = self.make_layers(channel_num[0], channel_num[1], 8, 2)
67.        self.stage4 = self.make_layers(channel_num[1], channel_num[2], 4, 2)
68.        self.conv5 = nn.Sequential(
69.            nn.Conv2d(channel_num[2], 1024, 1, bias = False),
70.            nn.BatchNorm2d(1024),
```

```
71.                nn.ReLU(inplace = True)
72.            )
73.        self.avgpool = nn.AdaptiveAvgPool2d(1)
74.        self.fc = nn.Linear(1024, class_num)
75.    def make_layers(self, in_channels, out_channels, layers_num, stride):
76.        layers = []
77.        layers.append(ShuffleUnit(in_channels, out_channels, stride))
78.        in_channels = out_channels
79.        for i in range(layers_num - 1):
80.            ShuffleUnit(in_channels, out_channels, 1)
81.        return nn.Sequential( * layers)
82.    def forward(self, x):
83.        out = self.conv1(x)
84.        out = self.maxpool(out)
85.        out = self.stage2(out)
86.        out = self.stage3(out)
87.        out = self.stage4(out)
88.        out = self.conv5(out)
89.        out = self.avgpool(out)
90.        out = out.flatten(1)
91.        out = self.fc(out)
92.        return out
```

5.5 本章小结

本章介绍了两类近年来最受关注的轻量级 DCNN 模型,MobileNet 系列和 ShuffleNet 系列,分别由 Google 公司与旷视科技提出。本章详细阐述了两种系列算法的设计思路、改进的原理与对比实验结果,并给出网络模型结构图、对比实验结果及代码。

5.6 习题

1. 常用的轻量化 DCNN 模型有哪些?
2. 轻量化模型构建的基本思路有哪些?
3. 简述 MobileNet 系列算法主要的设计思路。
4. 简述 ShuffleNet 系列算法主要的设计思路。

CHAPTER 6

第 6 章

深度学习模型轻量化方法及实现

本章学习目标
- 网络模型剪枝
- 参数量化
- 知识蒸馏法

视频讲解

第 5 章介绍了轻量级 DCNN 模型，而本章要介绍的是如何在已有的 DCNN 模型基础上进行轻量化的方法，即对原有的网络模型进行压缩的方法。由于 DCNN 模型的计算复杂度或参数冗余，存在着算法结构复杂、运算量大、速度慢、需要更大存储空间等缺点，很难移植到嵌入式设备中，需要借助模型压缩、优化加速等方法突破瓶颈。随着网络模型层数越来越深，参数越来越多，减少它们的模型大小和计算损耗，提高其处理速度对于 DCNN 模型的应用至关重要。本章将讨论 DCNN 模型的轻量化方法。图 6-1 为本章内容的框图。

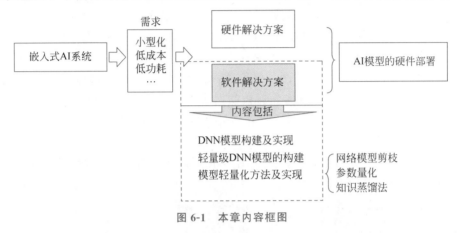

图 6-1 本章内容框图

🔑 6.1 网络模型剪枝

6.1.1 基本原理

网络模型剪枝的目的在于找出冗余连接并将其移除，使其不再参与网络推理，并起到减少神经网络模型计算量的作用。因为移除的神经元及相应连接也不再存储，所以减少了网络模型的存储量。在网络模型剪枝的过程中，一个原本稠密的神经网络由于部分连接的移除而变得稀疏。设计剪枝算法需要思考的关键问题包括应该修剪什么样的部分，如何判断哪些部分可以修剪，如何在不损害网络模型性能的情况下进行修剪。下面将介绍剪枝分类、剪枝标准和剪枝流程。

6.1.2 网络模型的剪枝分类

1. 非结构化剪枝

修剪神经元之间的连接(权重参数)是最常用的方式之一。直接修剪权重参数有很多优点：首先它很简单，在参数张量中用零替换它们的权重值就足以修剪连接。因此被广泛使用于深度学习框架，例如，PyTorch 框架，允许轻松访问网络的所有权重参数，使其使用起来非常简单；其次，修剪权重参数的最大优势是，它们是网络中最小、最基本的元素，它们的数量较多，可以在不影响性能的情况下大量地修剪。由此可见，修剪权重参数完全不受任何约束的限制，是修剪网络最简单的方式，这种修剪权重参数的方式可以称为非结构化剪枝。然而，这种方式存在一个最大的问题，大多数框架和硬件无法加速稀疏矩阵计算，无论多少个零填充参数张量，它都不会影响网络模型前向传播的实际成本。所以，修剪权重参数虽然可以有较大的压缩率，但需要特定的硬件和库才能实现性能的提升。

2. 结构化剪枝

与非结构化剪枝对应的是结构化剪枝，如图 6-2 所示，结构化剪枝是去除卷积滤波器和内核行，而不仅仅是剪枝连接，这导致中间表示的特征图更少。结构化剪枝是去除卷积滤波器(卷积核)，而不仅仅是修剪权重参数，这可以同时减少中间表示的特征图。如第 4 章介绍的那样，深度学习网络往往包括许多卷积层，每个层数多达数百或数千个卷积核，因此卷积核的修剪允许使用足够精细的粒度。移除这样的卷积核，不仅可以得到更好的稀疏矩阵，而且可以减少这些卷积核输出的特征图。这种过滤器修剪的剪枝方式被称为结构化剪枝。如图 6-2(右)所示，可以看出，进行结构化剪枝的网络不仅易于存储，而且它们的计算量更小并且能够生成更轻的中间表示，在运行时需要更少的内存和存储空间。对于计算机视觉的相关任务，例如，语义分割或目标检测任务而言，作为中间表示的特征图会消耗大量内存，其参数量远远超过网络本身的参数量。所以，结构化剪枝方法既可以有效地稀疏网络模型，也是更为常用和更为有效的剪枝方法。

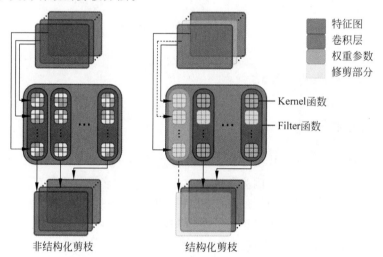

图 6-2 非结构化剪枝和结构化剪枝

6.1.3 剪枝标准

一旦决定了要修剪哪种结构，下一个可能会问的问题是如何确定剪掉哪些，修剪标准是什么？本节将介绍以权重参数(Weight)大小、激活函数后参数(Activation)大小、梯度幅度(Gradient)等为标准进行剪枝的方法。

1. 权重参数大小标准

最直观有效的标准是修剪绝对值最小的权重参数。在权重衰减的约束下，那些对激活函数没有显著贡献的权重在训练过程中会缩小幅度。因此，多余的权重被定义为是那些绝对值较小的权重。

这个标准对于非结构化剪枝而言实现起来似乎比较简单,但如何使其适应结构化剪枝呢？一种直接的方法是根据卷积核的范数(例如 L1 或 L2)对卷积核进行排序。另一种方法是为每个特征图插入一个可学习的权重参数,当这个权重参数减少到接近零时,便可以有效地修剪负责该特征图通道的整套参数(包括卷积核和特征图),该权重参数的大小说明了整套参数的重要性。

2. 梯度幅度剪枝

早在 20 世纪 80 年代,一些基础工作通过移除权重参数对损失影响的泰勒分解进行了理论化分析,说明了从反向传播梯度的度量可以提供一种方法来确定权重参数的重要性。如果梯度值越大,说明对网络架构的贡献越大,同时也说明该梯度对应的权重参数越重要。近期的研究介绍了在小批量训练数据上累积的梯度幅度,并根据该梯度与每个参数的相应权重之间的乘积幅度进行了剪枝。

3. 激活后参数的剪枝

如果这个权重参数经过了激活函数后值较小,甚至接近 0,说明这个权重参数对网络模型的贡献小,对于后面的数据计算几乎不起作用,因此可以根据激活后参数的大小进行剪枝。

6.1.4 剪枝流程

在剪枝的过程中需要考虑修剪的标准是否应用于网络模型的所有参数或卷积核,或者是否应用于网络模型的每一层。如图 6-3 所示,如果标准是要减去 50% 的冗余参数,也可以叫做剪枝率,局部修剪如图 6-3(左)所示,每一层应用相同 50% 的修剪率,全局修剪则是在整个网络范围内实现 50% 的修剪。很多研究都证明了全局修剪可以获得更好的实验结果,但它可能导致层崩溃,避免这个问题的方法是采用逐层的局部剪枝,使每一层的剪枝都可以实现相同的修剪率。

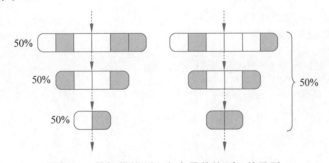

图 6-3　局部剪枝(左)和全局剪枝(右)的区别

上述介绍了剪枝标准及剪枝速率,一般会采用迭代剪枝的方式完成网络模型的剪枝。常见迭代剪枝流程如下。

(1) 训练一个大模型；
(2) 根据 6.1.3 节介绍的评估方法评估模型中参数的重要性；
(3) 将不重要的参数或过滤器去掉,再通过稀疏矩阵进行存储；

(4) 在训练集上微调,从而修复由于去掉了部分参数所导致的性能下降;

(5) 验证模型大小和性能是否达到了预期,如果没有,则继续迭代进行。

6.1.5 代码实现

在 PyTorch1.4 版本以后,已经支持了部分的网络剪枝的接口。需要安装 torch_pruning 库。首先让我们看看如何用 torch_pruning 库完成网络模型剪枝。

```
1. import torch
2. from torchvision.models import resnet18
3. #导入 torch_pruning 库
4. import torch_pruning as tp
5. #ResNet18 模型构建
6. model = resnet18(pretrained = True).eval()
7. #构建策略(利用 L1 范式)
8. strategy = tp.strategy.L1Strategy()  # or tp.strategy.RandomStrategy()
9. #构建 ResNet18 的依赖关系,建立依赖关系图
10. DG = tp.DependencyGraph()
11. DG.build_dependency(model, example_inputs = torch.randn(1,3,224,224))
12. #从依赖关系图中获取修剪计划,裁剪 conv1 中 weights 参数 40% 的连接
13. pruning_idxs = strategy(model.conv1.weight, amount = 0.4)
14. pruning_plan = DG.get_pruning_plan( model.conv1, tp.prune_conv, idxs = pruning_idxs )
15. print(pruning_plan)
16. #执行修剪模型计划
17. pruning_plan.exec()
```

下面是一个完整的 ResNet18 模型训练、剪枝、验证的过程。

```
1. import sys, os
2. sys.path.append(os.path.dirname(os.path.dirname(os.path.realpath(__file__))))
3. from cifar_resnet import ResNet18
4. import cifar_resnet as resnet
5. import torch_pruning as tp
6. import argparse
7. import torch
8. from torchvision.datasets import CIFAR10
9. from torchvision import transforms
10. import torch.nn.functional as F
11. import torch.nn as nn
12. import numpy as np
13.
14. parser = argparse.ArgumentParser()
15. parser.add_argument('-- mode', type = str, choices = ['train', 'prune', 'test'], default = 'train')
16. parser.add_argument('-- batch_size', type = int, default = 256)
17. parser.add_argument('-- verbose', action = 'store_true', default = False)
18. parser.add_argument('-- total_epochs', type = int, default = 100)
19. parser.add_argument('-- step_size', type = int, default = 70)
20. parser.add_argument('-- round', type = int, default = 1)
```

```
21.
22. args = parser.parse_args()
23. #加载数据集
24. def get_dataloader():
25.     train_loader = torch.utils.data.DataLoader(
26.         CIFAR10('./data', train=True, transform=transforms.Compose([
27.             transforms.RandomCrop(32, padding=4),
28.             transforms.RandomHorizontalFlip(),
29.             transforms.ToTensor(),
30.         ]), download=True), batch_size=args.batch_size, num_workers=2)
31.     test_loader = torch.utils.data.DataLoader(
32.         CIFAR10('./data', train=False, transform=transforms.Compose([
33.             transforms.ToTensor(),
34.         ]), download=True), batch_size=args.batch_size, num_workers=2)
35.     return train_loader, test_loader
36. #验证
37. def eval(model, test_loader):
38.     correct = 0
39.     total = 0
40.     device = torch.device("cuda" if torch.cuda.is_available() else "cpu")
41.     model.to(device)
42.     model.eval()
43.     with torch.no_grad():
44.         for i, (img, target) in enumerate(test_loader):
45.             img = img.to(device)
46.             out = model(img)
47.             pred = out.max(1)[1].detach().cpu().numpy()
48.             target = target.cpu().numpy()
49.             correct += (pred == target).sum()
50.             total += len(target)
51.     return correct / total
52. #训练模型
53. def train_model(model, train_loader, test_loader):
54.
55.     device = torch.device("cuda" if torch.cuda.is_available() else "cpu")
56.     optimizer = torch.optim.SGD(model.parameters(), lr=0.1, momentum=0.9, weight_decay=1e-4)
57.     scheduler = torch.optim.lr_scheduler.StepLR(optimizer, args.step_size, 0.1)
58.     model.to(device)
59.
60.     best_acc = -1
61.     for epoch in range(args.total_epochs):
62.         model.train()
63.         for i, (img, target) in enumerate(train_loader):
64.             img, target = img.to(device), target.to(device)
65.             optimizer.zero_grad()
66.             out = model(img)
67.             loss = F.cross_entropy(out, target)
68.             loss.backward()
69.             optimizer.step()
```

```python
70.            if i % 10 == 0 and args.verbose:
71.                print("Epoch %d/%d, iter %d/%d, loss = %.4f" % (epoch, args.total_
                    epochs, i, len(train_loader), loss.item()))
72.        model.eval()
73.        acc = eval(model, test_loader)
74.        print("Epoch %d/%d, Acc = %.4f" % (epoch, args.total_epochs, acc))
75.        if best_acc < acc:
76.            torch.save( model, 'resnet18-round%d.pth' % (args.round) )
77.            best_acc = acc
78.        scheduler.step()
79.    print("Best Acc = %.4f" % (best_acc))
80. #模型剪枝
81. def prune_model(model):
82.     model.cpu()
83.     DG = tp.DependencyGraph().build_dependency( model, torch.randn(1, 3, 32, 32) )
84.     def prune_conv(conv, amount = 0.2):
85.         #weight = conv.weight.detach().cpu().numpy()
86.         #out_channels = weight.shape[0]
87.         #L1_norm = np.sum( np.abs(weight), axis = (1,2,3))
88.         #num_pruned = int(out_channels * pruned_prob)
89.         #pruning_index = np.argsort(L1_norm)[:num_pruned].tolist() # remove filters
                with small L1-Norm
90.         strategy = tp.strategy.L1Strategy()
91.         pruning_index = strategy(conv.weight, amount = amount)
92.         plan = DG.get_pruning_plan(conv, tp.prune_conv, pruning_index)
93.         plan.exec()
94.
95.     block_prune_probs = [0.1, 0.1, 0.2, 0.2, 0.2, 0.2, 0.3, 0.3]
96.     blk_id = 0
97.     for m in model.modules():
98.         if isinstance( m, resnet.BasicBlock ):
99.             prune_conv( m.conv1, block_prune_probs[blk_id] )
100.            prune_conv( m.conv2, block_prune_probs[blk_id] )
101.            blk_id += 1
102.    return model
103. #主函数
104. def main():
105.    train_loader, test_loader = get_dataloader()
106.    if args.mode == 'train':
107.        #训练 ResNet18
108.        args.round = 0
109.        model = ResNet18(num_classes = 10)
110.        train_model(model, train_loader, test_loader)
111.    elif args.mode == 'prune':
112.        previous_ckpt = 'resnet18-round%d.pth' % (args.round-1)
113.        print("Pruning round %d, load model from %s" % ( args.round, previous_ckpt))
114.        model = torch.load( previous_ckpt )
115.        #模型剪枝
116.        prune_model(model)
117.        print(model)
```

```
118.            params = sum([np.prod(p.size()) for p in model.parameters()])
119.            print("Number of Parameters: %.1fM" % (params/1e6))
120.            # 训练模型
121.            train_model(model, train_loader, test_loader)
122.        elif args.mode == 'test':
123.            ckpt = 'resnet18-round%d.pth' % (args.round)
124.            print("Load model from %s" % (ckpt))
125.            model = torch.load(ckpt)
126.            params = sum([np.prod(p.size()) for p in model.parameters()])
127.            print("Number of Parameters: %.1fM" % (params/1e6))
128.            # 验证模型
129.            acc = eval(model, test_loader)
130.            print("Acc = %.4f\n" % (acc))
131.
132.    if __name__ == '__main__':
133.        main()
```

6.2 参数量化

6.2.1 基本原理

计算机系统中对数据有多种表示方式,每一种表示方式对运算的速度、硬件的算力以及存储空间的要求各不相同,本节介绍几种常见的数值表示方式,包括单精度浮点数、双精度浮点数、半精度浮点数以及定点数,其中定点数由于所占存储空间小、运算硬件简单、效率高,在嵌入式系统中得到了广泛应用。传统 PC 软件在进行数值运算时使用单精度(FP32)和双精度(FP64)浮点数。其中 FP32 占用 32 位存储空间,即 4 字节的存储空间;FP64 的存储空间为 64 位,存储空间是单精度浮点数的 2 倍,占用了 8 字节。FP32 能够表示的数值范围为 $-3.40\times10^{38} \sim +3.40\times10^{38}$,FP64 能够表示的数值范围为 $-1.8\times10^{308} \sim +1.8\times10^{308}$。对于机器学习算法而言,除了表示数值的范围外,另一个重要的指标是动态范围,即对不同数值的分辨能力,可以通过其能够表示的最大正数和最小正数来表示。FP32 可以表示的最小正数和最大正数范围为 $1.18\times10^{-38} \sim +3.40\times10^{38}$,FP64 可以表示的最小正数和最大正数范围为 $2.23\times10^{-308} \sim +1.80\times10^{308}$。FP32 和 FP64 的取值范围足够大,几乎满足所有机器学习的需要。FP16 为半精度浮点数,取值范围为 $-6.55\times10^{4} \sim +6.55\times10^{4}$,可以表示的最小正数和最大正数分别为 $6.10\times10^{-5} \sim +6.55\times10^{4}$。在嵌入式系统中,为了降低运算复杂度,通常还会使用定点数格式。从存储空间的角度看,即使定点数的存储空间与单精度浮点数相同,但定点数的加减乘除运算可以直接使用整数运算电路实现,硬件复杂度远小于浮点数电路,因此在嵌入式系统中得到了广泛应用。定点数的格式由两个参数决定,即表示这个定点数的总的位数以及表示小数的位数。$Sn.m$,其中,S 代表定点数的符号,n 和 m 分别代表定点数格式中的整数和小数位数。由于传统的 CPU 对应数据访问的单元是 8 位、16 位或者 32 位,因此定点数往往也使用这几种。INT8 是较为常用的 8 位定点数格式,其取值范围是 $-128 \sim 127$。

一般的网络模型会使用 FP32 数据格式存储权重参数,而参数量化即用低精度(FP16,

INT8)数值格式存储权重参数,当然还包括更低的位数,例如,二值神经网络(−1,+1)、三元权重网络(+1,0,−1)、XNOR 网络(二进制)等。混合精度(Mixed Precision)是在模型中同时使用多种数值格式。参数量化就是通过减少表示每个权重参数比特数的方法来压缩网络模型。参数量化也可以理解为对权重参数的数值进行聚类,统计网络权重参数和激活值的取值范围,再把所有的权重参数和激活值映射到 INT8 数据范围内(−127~128)。由于深度学习网络模型中有数以千万计的权重参数,占据极大的存储空间,如果在存储模型参数时将 FP32 量化为 INT8 的定点数,便可以把参数大小缩小为原来的 1/4,整个模型的大小也可以缩小为原来的 1/4,不仅如此,随着参数量化后模型的减少,网络前向传播阶段所需要的计算资源也会大幅度地减少。

那么一定会有以下一系列的疑问:参数量化会损失网络模型的精度吗?速度为什么会提高?参数量化会节约存储空间和能耗吗?首先,参数量化会损失模型的精度,相当于给网络模型引入噪声,但是神经网络一般对噪声不太敏感,只要控制好量化的程度,对于网络模型精度的影响就可以降低到很小;其次,传统的卷积操作的数据格式都是 FP32 浮点型,但如果将参数量化到 INT8 定点整数格式,再做卷积操作的话就变成了整型的乘加运算,比浮点运算快很多,运算结束后再将结果乘上尺度因子变回 FP32 数据格式,这样整个过程的速度就比传统卷积方式提高很多;最后,再看看参数量化带来能量消耗和存储空间的节约,每个参数使用了更少的位数,做运算时需要搬运的数据量少了,还减少了访存开销,这可以降低能源的消耗,同时所需的乘法器数目也减少了,节约了芯片的存储空间。

6.2.2 参数量化算法的分类

参数量化一般分为两种模式,即训练后量化(Post Training Quantizated)以及训练时量化(Quantization Aware Training)。训练后量化比较容易理解,即将训练后的模型中的权重从 FP32 量化到 INT8,并以 INT8 的形式保存。在实际推理中,还需要反量化为浮点数类型进行计算。这种量化方式在大模型上的效果很好,因为大模型对噪声的鲁棒性很强,但在小模型上的表现就差强人意。训练中量化的意思是在训练的过程中引入伪量化操作,即在前向传播的时候,采用量化后的权重和激活值,但在反向传播的时候仍然对 FP32 类型的权重进行梯度下降,前向推理时全部使用 INT8 的方式进行计算。

6.2.3 参数量化流程

本书介绍一个较经典的参数量化方法,定义如式(6-1)所示的映射关系。其中,x_q 代表量化后的参数值,x_r 代表原始参数值(FP32 型),q_x 代表缩放系数,zp_x 代表"0 点",即真实浮点数 0 映射到整数型时所对应的值,和 x_q 的数据类型一致。如果是 INT8 型的量化,x_q 就是 8-bit 定点整数型,同理,对于 B-bit 型的量化,x_q 为 B-bit 的实数。本书介绍两种量化方法:非对称量化和对称量化。

1. 非对称量化

非对称量化可以表示为将浮点数(最大值为 max,最小值为 min)量化为 B-bit 型,在 B-bit 型空间对应的最大值 $\max_{x_q}$ 及最小值 $\min_{x_q}$,[max, min]−>[$\max_{x_q}$, $\min_{x_q}$],每类

数据又相应的缩放因子 q_x，量化后的零点为 zp_x，量化值的计算如式(6-1)所示。非对称算法一般能够较好地处理数据分布不均匀的情况。

$$x_q = \text{round}\Big((x_f - \min_{x_f})\underbrace{\frac{2^n-1}{\max_{x_f} - \min_{x_f}}}_{q_x}\Big) = \text{round}(q_x x_f \underbrace{- \min_{x_f} q_x}_{zq_x})$$

$$= \text{round}(q_x x_f - zp_x) \tag{6-1}$$

在低精度模式下，计算的一般过程是两个量化数据乘加运算之后得到 y_q，还原到 FP32 高精度后再将其量化成低精度。非对称算法量化计算还原到 FP32 的过程如式(6-2)所示。x_f 表示浮点数输入，x_q 表示量化输入，y_f 表示浮点数输出，y_q 表示量化输出，b_f 表示浮点数偏置，b_q 表示量化偏置。在低精度模式下，一般的计算过程是两个量化数据乘加之后先还原到 FP32 高精度，然后再量化成低精度。q_x、q_w、q_b 为缩放因子，zp_x、zp_b、zp_w 为零点。

$$y_f = \sum x_f w_f + b_f = \sum \frac{x_q + zp_x}{q_x} \frac{w_q + zp_w}{q_w} + \frac{b_q + zp_b}{q_b}$$

$$= \frac{1}{q_x q_w}\Big(\sum(x_q + zp_x)(w_q + zp_x) + \frac{q_x q_w}{q_b}(b_q + zp_b)\Big) \tag{6-2}$$

量化成低精度的过程为：

$$y_q = \text{round}(q_y y_f) \tag{6-3}$$

2. 对称量化

对称量化可以表示为将浮点数(最大值为 max，最小值为 min)量化为 B-bit 型，在 B-bit 型空间对应的最大值 $\max_{x_q}$，$[-\max, \max] \rightarrow [-\max_{x_q}, \max_{x_q}]$，量化值的计算如式(6-4)所示。

$$x_q = \text{round}\Big(x_f \underbrace{\frac{2^{n-1}-1}{\max|x_f|}}_{q_x}\Big) = \text{round}(q_x x_f) \tag{6-4}$$

卷积和全连接中的主要操作都是乘加。为了简化问题说明，我们这里将其具体实现形式简化为乘加。x_f 表示浮点数输入，x_q 表示量化输入，y_f 表示浮点数输出，y_q 表示量化输出，b_f 表示浮点数偏置，b_q 表示量化偏置。在低精度模式下，一般的计算过程是两个量化数据乘加之后先还原到 FP32 高精度，然后再量化成低精度。式(6-5)表示对称算法的量化计算还原到 FP32 的过程，q_x、q_w、q_b 为缩放因子。

$$y_f = \sum \frac{x_q}{q_x}\frac{w_q}{q_w} + \frac{b_q}{q_b} = \frac{1}{q_x q_w}\Big(\sum x_q w_q + \frac{q_x q_w}{q_b} b_q\Big) \tag{6-5}$$

量化成低精度的过程为：

$$y_q = \text{round}(q_y y_f) \tag{6-6}$$

其中，round 算子表示：

$$\text{round}(x) = \begin{cases} 0, & x < 0 \\ x, & 0 < x < 2^n - 1 \\ 2^n - 1, & x > 2^n - 1 \end{cases} \tag{6-7}$$

参数量化法可以减少内存带宽和存储空间，同时提高了深度学习系统的吞吐量，并降低系统的时延。

6.2.4 代码实现

目前主流的深度学习框架基本上都支持量化，比如 Torch、TensorFlow、Caffe、Mxnet、PaddlePaddle 等。Torch 支持多种量化深度学习模型的方法，例如，训练后量化，即模型使用 FP32 数据格式进行训练，然后将模型转换为 INT8 的数据格式。此外，Torch 还支持量化感知训练，即训练过程中使用伪量化模块对前向和后向传递中的量化误差进行建模。在量化感知训练结束后，Torch 提供转换函数将训练好的模型转换为较低精度的模型。需要注意的是，目前 Torch 没有在 CUDA 上提供量化的算子实现，如果需要在 CUDA 上实现量化模型的加速，可以参考第 7 章介绍的 TensorRT 工具包。Torch 支持以下几种量化方法。

（1）动态量化（Post Training Dynamic Quantization）：推理过程中的量化，这种量化方式常见诸于 NLP 领域，在计算机视觉领域较少应用。

（2）训练后静态量化（Post Training Static Quantization）：这是计算机视觉领域应用非常多的一种量化方式。

（3）训练时感知量化（Quantization Aware Training）：训练时感知量化比训练后静态量化方式精度更高，但量化的时间较长。

1. 动态量化

动态量化不仅将网络模型中的权重转换为 INT8 定点整数型，而且在进行计算之前动态地将激活也转换为 INT8 型。使用高效的 INT8 矩阵乘法和卷积来实现执行计算，从而实现更快的计算速度。具体的实现方法如下。

```
1. import torch.quantization
2. quantized_model = torch.quantization.quantize_dynamic(model, {torch.nn.Linear}, dtype = torch.qint8)
```

2. 训练后静态量化

静态量化算法是在训练后将模型参数转换成整数定点型，并通过使用整型运算和整型内存访问的方式来进一步提高计算速度、存储空间及能耗。具体的实现方法如下。

注：以下代码在 PyTorch 1.7 版本下编写实现。

```
1. import numpy as np
2. import torch
3. import torch.nn as nn
4. import torchvision
5. from torch.utils.data import DataLoader
6. from torchvision import datasets
7. import torchvision.transforms as transforms
8. import os
```

```python
9.  import time
10. import sys
11. import torch.quantization
12. from torch.quantization import QuantStub, DeQuantStub
13.
14.
15. def _make_divisible(v, divisor, min_value = None):
16.     """
17.     确保所有层都具有可被 8 整除的通道号
18.     """
19.     if min_value is None:
20.         min_value = divisor
21.     new_v = max(min_value, int(v + divisor / 2) // divisor * divisor)
22.     # Make sure that round down does not go down by more than 10 %.
23.     if new_v < 0.9 * v:
24.         new_v += divisor
25.     return new_v
26.
27. class ConvBNReLU(nn.Sequential):
28.     def __init__(self, in_planes, out_planes, kernel_size = 3, stride = 1, groups = 1):
29.         padding = (kernel_size - 1) // 2
30.         super(ConvBNReLU, self).__init__(
31.             nn.Conv2d(in_planes, out_planes, kernel_size, stride, padding, groups = groups, bias = False),
32.             nn.BatchNorm2d(out_planes, momentum = 0.1),
33.             # Replace with ReLU
34.             nn.ReLU(inplace = False)
35.         )
36.
37. class InvertedResidual(nn.Module):
38.     def __init__(self, inp, oup, stride, expand_ratio):
39.         super(InvertedResidual, self).__init__()
40.         self.stride = stride
41.         assert stride in [1, 2]
42.
43.         hidden_dim = int(round(inp * expand_ratio))
44.         self.use_res_connect = self.stride == 1 and inp == oup
45.
46.         layers = []
47.         if expand_ratio != 1:
48.             # pw
49.             layers.append(ConvBNReLU(inp, hidden_dim, kernel_size = 1))
50.         layers.extend([
51.             # dw
52.             ConvBNReLU(hidden_dim, hidden_dim, stride = stride, groups = hidden_dim),
53.             # pw-linear
54.             nn.Conv2d(hidden_dim, oup, 1, 1, 0, bias = False),
55.             nn.BatchNorm2d(oup, momentum = 0.1),
56.         ])
57.         self.conv = nn.Sequential(*layers)
```

```
58.        # Replace torch.add with floatfunctional
59.        self.skip_add = nn.quantized.FloatFunctional()
60.
61.    def forward(self, x):
62.        if self.use_res_connect:
63.            return self.skip_add.add(x, self.conv(x))
64.        else:
65.            return self.conv(x)
66.
67. #定义 MobileNet V2 模型架构
68. #由于量化需要做以下修改:
69. #用 nn.quantized.FloatFunctional 代替添加
70. #在网络的开头和结尾处插入 QuantStub 和 DeQuantStub
71. #用 ReLU 替换 ReLU6
72.
73. class MobileNet V2(nn.Module):
74.    def __init__(self, num_classes = 1000, width_mult = 1.0, inverted_residual_setting =
       None, round_nearest = 8):
75.        """
76.        MobileNet V2 main class
77.
78.        Args:
79.            num_classes (int): 类别数量
80.            width_mult (float): 宽度倍增器,按此数量调整每个层中的通道数
81.            inverted_residual_setting: 网络结构
82.            round_nearest
83. (int): 将每层中的通道数四舍五入为该数字的倍数
84.
85. Set to 1 to turn off rounding
86.        """
87.        super(MobileNet V2, self).__init__()
88.        block = InvertedResidual
89.        input_channel = 32
90.        last_channel = 1280
91.
92.        if inverted_residual_setting is None:
93.            inverted_residual_setting = [
94.                # t, c, n, s
95.                [1, 16, 1, 1],
96.                [6, 24, 2, 2],
97.                [6, 32, 3, 2],
98.                [6, 64, 4, 2],
99.                [6, 96, 3, 1],
100.               [6, 160, 3, 2],
101.               [6, 320, 1, 1],
102.           ]
103.
104.        #检查第1个元素
105.        if len(inverted_residual_setting) == 0 or len(inverted_residual_setting[0]) != 4:
106.            raise ValueError("inverted_residual_setting should be non - empty "
```

```
107.                            "or a 4-element list, got {}".format(inverted_residual_
                                setting))
108.
109.        # 构建第一层
110.        input_channel = _make_divisible(input_channel * width_mult, round_nearest)
111.        self.last_channel = _make_divisible(last_channel * max(1.0, width_mult),
                round_nearest)
112.        features = [ConvBNReLU(3, input_channel, stride=2)]
113.        # 构建反向残差块
114.        for t, c, n, s in inverted_residual_setting:
115.            output_channel = _make_divisible(c * width_mult, round_nearest)
116.            for i in range(n):
117.                stride = s if i == 0 else 1
118.                features.append(block(input_channel, output_channel, stride, expand_
                    ratio=t))
119.                input_channel = output_channel
120.        # 构建最后几层
121.        features.append(ConvBNReLU(input_channel, self.last_channel, kernel_size=1))
122.        # make it nn.Sequential
123.        self.features = nn.Sequential(*features)
124.        self.quant = QuantStub()
125.        self.dequant = DeQuantStub()
126.        # 构建分类器
127.        self.classifier = nn.Sequential(
128.            nn.Dropout(0.2),
129.            nn.Linear(self.last_channel, num_classes),
130.        )
131.
132.        # 初始化权重
133.        for m in self.modules():
134.            if isinstance(m, nn.Conv2d):
135.                nn.init.kaiming_normal_(m.weight, mode='fan_out')
136.                if m.bias is not None:
137.                    nn.init.zeros_(m.bias)
138.            elif isinstance(m, nn.BatchNorm2d):
139.                nn.init.ones_(m.weight)
140.                nn.init.zeros_(m.bias)
141.            elif isinstance(m, nn.Linear):
142.                nn.init.normal_(m.weight, 0, 0.01)
143.                nn.init.zeros_(m.bias)
144.
145.    def forward(self, x):
146.
147.        x = self.quant(x)
148.
149.        x = self.features(x)
150.        x = x.mean([2, 3])
151.        x = self.classifier(x)
152.        x = self.dequant(x)
153.        return x
```

```python
154.
155.    # 量化前融合 Conv + BN 和 Conv + BN + RelU 模块
156.    # 本操作不更改数值
157.    def fuse_model(self):
158.        for m in self.modules():
159.            if type(m) == ConvBNReLU:
160.                torch.quantization.fuse_modules(m, ['0', '1', '2'], inplace = True)
161.            if type(m) == InvertedResidual:
162.                for idx in range(len(m.conv)):
163.                    if type(m.conv[idx]) == nn.Conv2d:
164.                        torch.quantization.fuse_modules(m.conv, [str(idx), str(idx + 1)], inplace = True)
165. # 打开模型
166. def load_model(model_file):
167.     model = MobileNet V2()
168.     state_dict = torch.load(model_file)
169.     model.load_state_dict(state_dict)
170.     model.to('cpu')
171.     return model
172. # 计算并打印模型大小
173. def print_size_of_model(model):
174.     torch.save(model.state_dict(), "temp.p")
175.     print('Size (MB):', os.path.getsize("temp.p")/1e6)
176.     os.remove('temp.p')
177.
178.
179. if __name__ == "__main__":
180.     # FP32 模型名称
181.     float_model_file = 'mobilenet_pretrained_float.pth'
182.     scripted_quantized_model_file = 'mobilenet_quantization_scripted_quantized.pth'
183.     # 打开模型
184.     float_model = load_model(float_model_file).to('cpu')
185.     print('\n Inverted Residual Block: Before fusion \n\n', float_model.features[1].conv)
186.     float_model.eval()
187.     # 融合模块
188.     float_model.fuse_model()
189.     # Note fusion of Conv + BN + RelU and Conv + RelU
190.     print('\n Inverted Residual Block: After fusion\n\n',float_model.features[1].conv)
191.     print_size_of_model(float_model)
192.     myModel = float_model
193.     # 指定量化配置
194.     # 开始量化
195.     myModel.qconfig = torch.quantization.default_qconfig
196.     print(myModel.qconfig)
197.     torch.quantization.prepare(myModel, inplace = True)
198.
199.     # Calibrate first
200.     print('Post Training Quantization Prepare: Inserting Observers')
```

```
201.    print('\n Inverted Residual Block:After observer insertion \n\n', myModel.features
        [1].conv)
202.
203.    #量化模型转换
204.    torch.quantization.convert(myModel, inplace = True)
205.    print('Post Training Quantization: Convert done')
206.    print('\n Inverted Residual Block: After fusion and quantization, note fused modules:
        \n\n',myModel.features[1].conv)
207.    print("Size of model after quantization")
208.    #模型保存
209.    torch.save(myModel.state_dict(),scripted_quantized_model_file)
210.    #输出模型大小
211.    print_size_of_model(myModel)
```

以上操作可以将权重从 FP32 转换为 INT8 的数据格式,从模型大小来看,模型大小从 13.99MB 变为 3.63MB,模型大小大概减少为量化前的 1/4。我们对来自 ImageNet 数据的 1000 张图像对两个图像分类网络进行评估,FP32 模型的精度为 77.67%,而 IINT8 模型的精度为 66.67%,精度下降比较明显。是否有方法提高识别精度呢?可以通过不同的量化配置来提高准确率,执行以下操作。

(1)量化每个通道的权重;

(2)使用直方图观察器,该直方图观察器收集激活的直方图,然后以最佳方式选择量化参数。

```
1.  per_channel_quantized_model = load_model(float_model_file)
2.  per_channel_quantized_model.eval()
3.  per_channel_quantized_model.fuse_model()
4.  #开始量化
5.  #如果要部署在 x86 server qconfig 上 = torch.quantization.get_default_qconfig('fbgemm');
6.  #如果要部署在 ARM 上
7.  qconfig = torch.quantization.get_default_qconfig('qnnpack')
8.  per_channel_quantized_model.qconfig = torch.quantization.get_default_qconfig('fbgemm')
9.  print(per_channel_quantized_model.qconfig)
10. #量化准备
11. torch.quantization.prepare(per_channel_quantized_model, inplace = True)
12. #量化模型转换
13. torch.quantization.convert(per_channel_quantized_model, inplace = True)
14. #打印量化模型大小
15. print_size_of_model(per_channel_quantized_model)
16. #保存量化模型
17. torch.jit.save(torch.jit.script(per_channel_quantized_model), scripted_quantized_model
    _file)
```

通过以上的量化配置方法,就可以将精度提高到 76% 以上,与 FP32 模型得到的 78% 的精度差 1%~2%。是否还有更好的量化方式呢?下面介绍对量化意识的训练。

3. 训练时感知量化

训练时感知量化算法是获得更高精度的量化方法。在模型训练的正向与反向传播过程中,所有权重和激活都被"伪量化",即将FP32型四舍五入为INT8型,也就是在训练过程中会对所有的权重进行调整,同时"意识到"该模型将最终被量化的事实。在量化之后,训练时感知量化算法通常会比动态量化法或训练后静态量化法获得更高的精度。执行训练时感知量化算法总体工作流程与之前非常相似。

```
1.  #首先定义一个训练函数
2.  def train_one_epoch(model, criterion, optimizer, data_loader, device, ntrain_batches):
3.      model.train()
4.      top1 = AverageMeter('Acc@1', ':6.2f')
5.      top5 = AverageMeter('Acc@5', ':6.2f')
6.      avgloss = AverageMeter('Loss', '1.5f')
7.
8.      cnt = 0
9.      for image, target in data_loader:
10.         start_time = time.time()
11.         print('.', end = '')
12.         cnt += 1
13.         image, target = image.to(device), target.to(device)
14.         output = model(image)
15.         loss = criterion(output, target)
16.         optimizer.zero_grad()
17.         loss.backward()
18.         optimizer.step()
19.         acc1, acc5 = accuracy(output, target, topk = (1, 5))
20.         top1.update(acc1[0], image.size(0))
21.         top5.update(acc5[0], image.size(0))
22.         avgloss.update(loss, image.size(0))
23.         if cnt >= ntrain_batches:
24.             print('Loss', avgloss.avg)
25.
26.             print('Training: * Acc@1 {top1.avg:.3f} Acc@5 {top5.avg:.3f}'
27.                 .format(top1 = top1, top5 = top5))
28.             return
29.
30.     print('Full imagenet train set: * Acc@1 {top1.global_avg:.3f} Acc@5 {top5.global_
        avg:.3f}'.format(top1 = top1, top5 = top5))
31.
32.     return
33. #打开FP32模型
34. qat_model = load_model(saved_model_dir + float_model_file)
35. #融合模块
36. qat_model.fuse_model()
37.
38. optimizer = torch.optim.SGD(qat_model.parameters(), lr = 0.0001)
39. qat_model.qconfig = torch.quantization.get_default_qat_qconfig('fbgemm')
40.
41. #prepare_qat 执行"伪量化",为量化感知训练准备模型
42. torch.quantization.prepare_qat(qat_model, inplace = True)
```

```
43.    print('Inverted Residual Block: After preparation for QAT, note fake-quantization modules
        \n',qat_model.features[1].conv)
44.
45.    #对于量化感知的训练,通过以下方式修改训练循环
46.    #(1)在训练快要结束时切换批量规范以使用运行均值和方差,以更好地匹配推理数字
47.    #(2)冻结量化器参数(比例和零点),并对权重进行微调
48.
49.    num_train_batches = 20
50.    #在每个 epoch 后训练及计算精度
51.    for nepoch in range(8):
52.        train_one_epoch(qat_model, criterion, optimizer, data_loader, torch.device('cpu'),
            num_train_batches)
53.        if nepoch > 3:
54.            #冻结量化参数
55.            qat_model.apply(torch.quantization.disable_observer)
56.        if nepoch > 2:
57.            #冻结批量范数均值和方差估计
58.            qat_model.apply(torch.nn.intrinsic.qat.freeze_bn_stats)
59.
60.        #在每个 epoch 后评估模型
61.        quantized_model = torch.quantization.convert(qat_model.eval(), inplace = False)
62.        quantized_model.eval()
63.        top1, top5 = evaluate(quantized_model,criterion, data_loader_test, neval_batches =
            num_eval_batches)
64.        print('Epoch %d :Evaluation accuracy on %d images, %2.2f' % (nepoch, num_eval_
            batches * eval_batch_size, top1.avg))
```

对少数几个周期执行量化感知训练后可以得到以下结论,针对来自 ImageNet 数据的 1000 张图像进行评估,训练时量化感知算法的精度接近于 FP32 模型的精度。模型大小降低到 1/4,同时计算速度可以提高 2~4 倍。

6.3 知识蒸馏法

6.3.1 基本原理

知识蒸馏法(Knowledge Distillation)于 2015 年由 Hinton 等提出,其主要思想是从一个性能较好且泛化能力较强的大型网络模型(即教师网络)中提炼知识,指导训练一个更小的网络(即学生网络),从而实现知识的迁移。那什么是"知识"呢?论文中提出了提取"知识"的软目标概念(Soft Targets),也就是从大规模神经网络得到的数据结构间的相似性。知识蒸馏法示意图如图 6-4 所示。

6.3.2 知识蒸馏算法流程

这里需要介绍一下软目标和硬目标(Hard targets),硬目标是训练数据中带有的标签,我们以往训练神经网络模型时使用的都是硬目标,包括训练教师网络时使用的也是硬目标。教师网络输出的软目标通过式(6-8)计算:

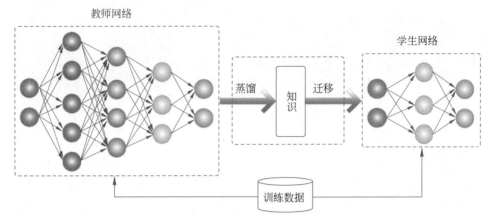

图 6-4 知识蒸馏法示意图

$$q_i = \frac{\exp(z_i/T)}{\sum_j \exp(z_i/T)} \tag{6-8}$$

这里 q_i 是软目标，z_i 是神经网络在 Softmax 函数前的输入，T 为温度超参数，可以看出当 $T=1$ 时与 Softmax 函数一致，T 与软目标的分布关系如图 6-5 所示。如果 T 取 1，这个公式就是 Softmax 函数，是输出各个类别的概率。而 T 越大，则输出的图像结果的分布越平缓，起到平滑的作用，保留相似信息。如果 T 为无穷大时，就是一个均匀分布。为什么软目标可以表示数据结构间的相似性呢？例如一个教师网络能够预测上千种类别，正确的类别概率达到 0.9，错误类别的概率值可能分布在 $10^{-8} \sim 10^{-3}$，虽然错误类别的概率值很小，但 10^{-3} 还是比 10^{-8} 高了 5 个数量级，这反映了数据结构间的相似信息。

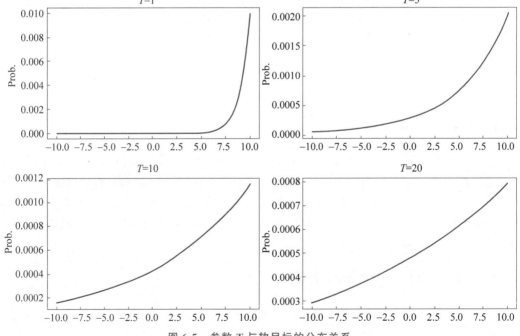

图 6-5 参数 T 与软目标的分布关系

可以看出，本节介绍的"蒸馏法"：实现的第一步是提升式(6-8)中的调节参数 T，使得教师网络产生一个合适的"软目标"；第二步，采用同样的调节参数 T 来训练学生网络，使学生网络的输出结果尽可能接近这个软目标，而尽快学习到数据的结构分布特征；在实际应用中，将 T 值恢复到1，使类别概率更偏向正确的类别。学生网络的损失函数可以表示为 $L=\mathrm{CE}(y,p)+\alpha\mathrm{CE}(q,p)$，这里 CE 是交叉熵损失函数（Cross Entropy，CE），y 是硬目标的 Onehot 编码，q 是教师网络输出的软目标，p 是学生网络的输出结果。知识蒸馏法整体框架如图 6-6 所示。

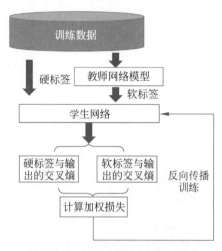

图 6-6　知识蒸馏法整体框架

为什么叫蒸馏呢？蒸馏非常形象的描述了整个训练过程。需要提炼"知识"的过程就是将数据结构信息和数据本身当作一个混合物进行提炼，数据结构分布信息可以通过概率分布被分离出来。当 T 值很大时，相当于用很高的温度将关键的数据结构分布信息从原有的数据中分离，之后在同样的温度下用新模型融合蒸馏出来的数据分布，最后恢复温度，让两者充分融合。

6.3.3　代码实现

先定义 student 网络，它由一个卷积层、池化层、全连接层构成。

```
1.  class anNet(nn.Module):
2.      def __init__(self):
3.          super(anNet,self).__init__()
4.          self.conv1 = nn.Conv2d(1,6,3)
5.          self.pool1 = nn.MaxPool2d(2,1)
6.          self.fc3 = nn.Linear(3750,10)
7.      def forward(self,x):
8.          x = self.conv1(x)
9.          x = self.pool1(F.relu(x))
10.         x = x.view(x.size()[0],-1)
11.         x = self.fc3(x)
12.         return x
```

```
13.    def initialize_weights(self):
14.        for m in self.modules():
15.            if isinstance(m, nn.Conv2d):
16.                torch.nn.init.xavier_normal_(m.weight.data)
17.                if m.bias is not None:
18.                    m.bias.data.zero_()
19.            elif isinstance(m, nn.BatchNorm2d):
20.                m.weight.data.fill_(1)
21.                m.bias.data.zero_()
22.            elif isinstance(m, nn.Linear):
23.                torch.nn.init.normal_(m.weight.data, 0, 0.01)
24.                m.bias.data.zero_()
```

再定义一个 teacher 网络,它由两个卷积、两个池化、一个全连接层组成。

```
1.  class anNet_deep(nn.Module):
2.      def __init__(self):
3.          super(anNet_deep, self).__init__()
4.          self.conv1 = nn.Sequential(
5.              nn.Conv2d(1, 64, 3, padding = 1),
6.              nn.BatchNorm2d(64),
7.              nn.ReLU())
8.          self.conv2 = nn.Sequential(
9.              nn.Conv2d(64, 64, 3, 1, padding = 1),
10.             nn.BatchNorm2d(64),
11.             nn.ReLU())
12.         self.conv3 = nn.Sequential(
13.             nn.Conv2d(64, 128, 3, 1, padding = 1),
14.             nn.BatchNorm2d(128),
15.             nn.ReLU())
16.         self.conv4 = nn.Sequential(
17.             nn.Conv2d(128, 128, 3, 1, padding = 1),
18.             nn.BatchNorm2d(128),
19.             nn.ReLU())
20.         self.pooling1 = nn.Sequential(nn.MaxPool2d(2, stride = 2))
21.         self.fc = nn.Sequential(nn.Linear(6272, 10))
22.     def forward(self, x):
23.         x = self.conv1(x)
24.         x = self.conv2(x)
25.         x = self.pooling1(x)
26.         x = self.conv3(x)
27.         x = self.conv4(x)
28.         x = self.pooling1(x)
29.         x = x.view(x.size()[0], -1)
30.         x = self.fc(x)
31.         return x
32.     def initialize_weights(self):
33.         for m in self.modules():
34.             if isinstance(m, nn.Conv2d):
```

```
35.              torch.nn.init.xavier_normal_(m.weight.data)
36.              if m.bias is not None:
37.                  m.bias.data.zero_()
38.          elif isinstance(m, nn.BatchNorm2d):
39.              m.weight.data.fill_(1)
40.              m.bias.data.zero_()
41.          elif isinstance(m, nn.Linear):
42.              torch.nn.init.normal_(m.weight.data, 0, 0.01)
43.              m.bias.data.zero_()
```

知识蒸馏的关键是 loss 的设计,它包括普通的交叉熵 loss1 和建立在软目标基础上的 loss2。

```
1.  #损失函数
2.  criterion = nn.CrossEntropyLoss()
3.  criterion2 = nn.KLDivLoss()
4.  #经典损失
5.  outputs = model(inputs.float())
6.  loss1 = criterion(outputs, labels)
7.  #蒸馏损失
8.  teacher_outputs = teach_model(inputs.float())
9.  T = 2
10. alpha = 0.5
11. outputs_S = F.log_softmax(teacher_outputs/T,dim = 1)
12. outputs_T = F.softmax(teacher_outputs/T,dim = 1)
13. loss2 = criterion2(outputs_S,outputs_T) * T * T
14.
15. #综合损失结果
16. loss = loss1 * (1 - alpha) + loss2 * alpha
```

其中,T 和 alpha 是两个超参数,取法对训练的结果影响很大,T 一般取 2、10、20 等值,alpha 一般取 0.5、0.9、0.95 等值。

6.4 本章小结

本章介绍了深度学习网络模型的轻量化方法及实现,主要介绍了三种较为典型的网络模型轻量化方法:网络模型剪枝、参数量化、知识蒸馏。每种方法分别从基本原理、分类、算法流程及代码实现几个部分开展了详细的介绍。剪枝、量化算法在常用的深度学习框架中都提供了相关的函数,实现起来较为容易。训练后量化的方法可以省去再次训练的步骤,提升了速度,但对网络的性能有一定的影响,除此之外,其他的算法都需要对网络进行再次的训练或微调。在深度学习网络模型部署时,要根据实际情况选择适合的轻量化算法完成模型压缩及部署。

6.5 习题

1. 深度学习网络模型的轻量化方法有哪些？
2. 简述网络模型剪枝的基本原理、分类，并描述剪枝的标准。
3. 简述参数量化的基本原理、分类，并描述其算法流程。
4. 简述知识蒸馏法的基本原理，并描述其算法流程。
5. 思考以上三种的适用场景。

第 7 章

AI模型的硬件部署

CHAPTER 7

本章学习目标
- 开放神经网络交换格式
- Intel 系列芯片部署方法
- NVIDIA 系列芯片部署方法

视频讲解

如何将本书在第 4 至 6 章介绍的轻量化网络模型部署到第 3 章介绍的 AI 芯片中，这是完成一个嵌入式 AI 系统的关键，本章就来介绍解决这个问题的方法。首先介绍一种开放神经网络交换格式，它可以将不同深度学习开发框架下训练的模型转换为统一的格式，从而便于模型在不同框架之间进行转移，同时也是硬件部署前的重要环节。之后将详细介绍在 Intel 系列芯片和 NVIDIA 系列芯片上进行硬件部署的方法。图 7-1 为本章内容的框图。

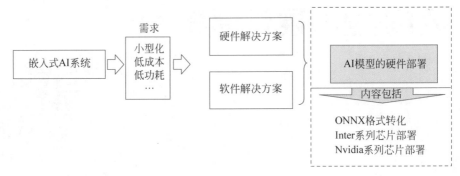

图 7-1　本章内容框图

7.1　开放神经网络交换（ONNX）格式

通过前 6 章的学习，我们知道 DNN 模型包括训练和推理两个运行步骤。

训练包含了前向传播和后向传播两个阶段，针对训练集，通过误差反向传播多次迭代来不断地修改网络权重值。推理只包含前向传播一个阶段，针对新的数据进行预测。

在训练 DNN 模型时为了加快速度，一般采用多 GPU 分布式训练的方式。但在部署推理模型时，为了降低成本，往往使用单个 GPU 机器甚至嵌入式平台进行部署，部署端也要有与训练时相同的深度学习框架，如 Caffe、TensorFlow、Torch、Paddle 等，如表 7-1 所示，众多的开发框架之间的不兼容特征为硬件部署等带来了挑战。由于需要调整模型和推理库，充分利用硬件功能，如果想要在不同类型的平台（云/Edge、CPU/GPU 等）上获得最佳性能，优化及部署推理模型变得异常困难。是否存在一种解决方案，在首选框架中训练一次后即能在云或设备端上的任意位置运行？ONNX 格式在此背景下应运而生。可以将不同深度学习开发框架下训练的模型转换为统一的格式，从而便于模型在不同框架之间进行转移，同时也是硬件部署前的重要环节。

表 7-1　常用的深度学习开发框架

框　　架	单　　位	支　持　语　言	简　　介
TensorFlow	谷歌	Python/C++/Go/…	神经网络开源库
Caffe	加州大学伯克利分校	C++/Python	卷积神经网络开源框架
PaddlePaddle	百度	Python/C++	深度学习开源平台
CNTK	微软	C++	深度学习计算网络工具包
Torch	Facebook	Lua	机器学习算法开源框架
Keras	谷歌	Python	模块化神经网络库 API

续表

框 架	单 位	支持语言	简 介
Theano	蒙特利尔大学	Python	深度学习库
DL4J	Skymind	Java/Scala	分布式深度学习的库
MXNet	DMLC 社区	C++/Python/R/…	深度学习开源库

通常，模型会在云端或大型服务器上进行训练。训练完成后在边缘端进行模型部署，由于边缘端的算力和存储比较有限，需要在部署时对模型做如第 6 章介绍的模型轻量化操作。另一方面，在云端或大型服务器端完成训练的模型，在部署过程中会碰到各种各样的问题，例如，将同样的模型部署到不同的边缘端时，会面临软硬件平台不兼容的问题等。目前，业界都在致力于解决这些深度学习落地时面临的挑战，ONNX 模型在此背景下应运而生。

7.1.1 ONNX 模型

开放神经网络交换（Open Neural Network Exchange，ONNX）格式，是一个 DNN 模型的标准框架，用于存储推理模型。它使不同的深度学习框架可以采用相同格式存储模型数据并交互数据。ONNX 的规范及代码主要由 Microsoft、Amazon、Facebook 和 IBM 等公司共同开发，以开放源代码的方式托管在 Github 上。目前官方支持加载 ONNX 模型并进行推理的深度学习框架有 Caffe2、Torch、MXNet、ML. NET、TensorRT 和 Microsoft CNTK，TensorFlow 也非官方的支持 ONNX。在获得 ONNX 模型之后，模型部署人员自然就可以将这个模型部署到兼容 ONNX 的运行环境中去。ONNX 模型的作用如图 7-2 所示。

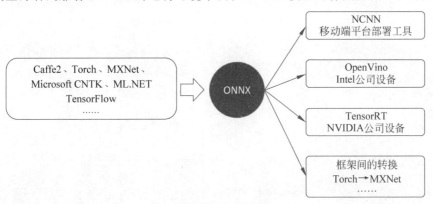

图 7-2　ONNX 模型的作用

例如，利用 Torch 可以将训练的 model. pt 转化为 model. onnx 格式，. onnx 文件中不仅包含了权重值，也包含了神经网络的网络流动信息以及每一层网络的输入输出信息和一些其他的辅助信息。ONNX 由以下组件组成。

可扩展计算图模型的定义

标准数据类型的定义

内置运算符的定义

在线查看 ONNX 模型的网址为 https://netron. app/，可以在网站上直接打开 . onnx 文件。

7.1.2 Torch 模型转 ONNX 模型实例

本节从图像分类和目标检测两个领域分别介绍如何从 Torch 模型(.pt 或.pth)转为 ONNX 模型的实际案例。

1) 图像分类实例

示例一：介绍从 torchvision 库中下载 alexnet 的模型，并将其转化为.onnx 模型的示例。torch.onnx.export()函数为模型转化函数，其中，alexnet2.onnx 为定义的输出模型名称。

```
1. import torch
2. import onnx        # 导入 onnx 库
3. import torchvision
4. # 从 TorchVision 上下载 Alexnet 模型,并转换为 onnx
5. input_names = [ "actual_input_1" ] + [ "learned_%d" % i for i in range(16) ]
6. output_names = [ "output1" ]
7. batch_size = 1
8. model = torchvision.models.alexnet(pretrained = True).cuda()
9. dummy_input = torch.randn(batch_size, 3, 224, 224, device = 'cuda')
10. torch.onnx.export(model, dummy_input, "alexnet2.onnx", verbose = True, input_names = input_names, output_names = output_names)
```

示例二：介绍从本地加载.pth 模型，并将其转化为.onnx 模型的示例。如程序第 3 行，需要调用模型网络结构。torch.onnx.export()函数为模型转化函数，其中，resnet.onnx 为定义的输出模型名称。

```
1. import torch
2. from torchvision.models import resnet50
3.
4. model = resnet50()                    # 创建模型,导入模型结构
5. weight = torch.load("resnet50 - 19c8e357.pth")
6. model.load_state_dict(weight )        # 模型参数加载进入模型
7. batch_size = 1
8. input_shape = (3, 244, 384)           # 输入数据,改成自己的输入 shape
9. model.eval()
10. x = torch.randn(batch_size, * input_shape)
11. export_onnx_file = "resnet.onnx"      # 输出的 ONNX 文件名
12. torch.onnx.export(model,
13.                   x,
14.                   export_onnx_file,
15.                   opset_version = 11, # opset_version 的设置与计算资源有关,需要根据计算
                      资源进行修改
16.                   do_constant_folding = True,
17.                   input_names = ["input"],
18.                   output_names = ["output"],
19.                   dynamic_axes = {"input":{0:'batch',2:'batch',3:'batch'},"output":{0:
                      'batch',2:'batch',3:'batch'}})
```

注：设置 dynamic_axes,可以允许输入不同尺寸的图像。

2）目标检测实例

下面给出将 YOLOV4 的 PyTorch 模型转为 ONNX 模型格式的案例，介绍如下。

模型转换主函数。

```
1. import numpy as np
2. import onnx                    # 导入 onnx 库
3. import cv2
4. import onnxruntime              # 导入 onnxruntime 库
5. import torch
6. from models import Yolov4       # 导入 YOLOv4 模型
7. def main():
8.     onnx_path_demo = transform_to_onnx(weight_file, 1, n_classes, IN_IMAGE_H, IN_IMAGE_W)
```

读入 .pt 模型结构及权重，并转 onnx 格式。

```
1. def transform_to_onnx(weight_file, batch_size, n_classes, IN_IMAGE_H, IN_IMAGE_W):
2.
3.     model = Yolov4(n_classes = n_classes, inference = True)
4.     pretrained_dict = torch.load(weight_file, map_location = torch.device('cuda'))
5.     model.load_state_dict(pretrained_dict)
6.
7.     input_names = ["input"]
8.     output_names = ['boxes', 'confs']
9.     dynamic = False
10.    if batch_size <= 0:
11.        dynamic = True
12.
13.    if dynamic:          x = torch.randn((1, 3, IN_IMAGE_H, IN_IMAGE_W), requires_grad = True)
14.        onnx_file_name = "yolov4_-1_3_{}_{}_dynamic.onnx".format(IN_IMAGE_H, IN_IMAGE_W)
15.        dynamic_axes = {"input": {0: "batch_size"}, "boxes": {0: "batch_size"}, "confs": {0: "batch_size"}}
16.        # ONNX 模型转换函数
17.        print('Export the onnx model ...')        torch.onnx.export(model,
18.                            x,
19.                            onnx_file_name,
20.                            export_params = True,
21.                            opset_version = 11,
22.                            do_constant_folding = True,
23.                            input_names = input_names, output_names = output_names,
24.                            dynamic_axes = dynamic_axes)
25.
26.        print('Onnx model exporting done')
27.        return onnx_file_name
28.
29.    else:            x = torch.randn((batch_size, 3, IN_IMAGE_H, IN_IMAGE_W), requires_grad = True)
```

```
30.         onnx_file_name = "yolov4_{}_3_{}_{}_static.onnx".format(batch_size, IN_IMAGE_
            H, IN_IMAGE_W)
31.         # Export the model
32.         print('Export the onnx model ...')        torch.onnx.export(model,
33.                         x,
34.                         onnx_file_name,
35.                         export_params = True,
36.                         opset_version = 11,
37.                         do_constant_folding = True,
38.                         input_names = input_names, output_names = output_names,
39.                         dynamic_axes = None)
40.
41.         print('Onnx model exporting done')
42.         return onnx_file_name
```

可以看出,". pt(.pth)"转".onnx"模型需要两个步骤:(1)读取模型(model＝Yolov4()→torch.load()→model.load_state_dict()),除了读取权重值外,还需要把模型结构读取出来(model = Yolov4());(2)模型转换(torch.onnx.export()),在 export 中可以指定 dynamic,即允许输入发生变化的维度,例如,这里我们给的 dummy input 是 $1×3×224×224$ 尺寸,然后限定 input 的第 0,2 维可以发生变化。如果选择采用 dynamic 类型,要定义 dynamic_axes,如本例所示,dynamic_axes＝{"input":{0:"batch_size"},"boxes":{0:"batch_size"},"confs":{0:"batch_size"}}。

7.1.3 ONNX 工作原理

ONNX 采用的是 protobuf 这个序列化数据结构协议去存储神经网络权重信息。我们可以通过 protobuf 自己设计一种数据结构的协议,然后用各种语言去读取或者写入。ONNX 中采用 onnx.proto 定义 ONNX 的数据协议规则和一些其他的信息。同样,也可以借助 protobuf 来解析 ONNX 模型。ONNX 中主要定义了如图 7-3 所示的六种数据结构。

在初始阶段,每个计算数据流图以节点(Node)列表的形式组织起来,构成一个非循环的图(Graph)。节点有一个或多个的输入与输出。每个节点都是对一个运算器的调用。图还会包含协助记录其目的、作者等信息的元数据。运算器在图的外部实现,但那些内置的运算器可移植到不同的框架上,每个支持 ONNX 的框架将在匹配的数据类型上提供这些运算器的实现。ONNX 模型解析流程:

读取".onnx"文件,获得网络模型结构;

通过网络模型结构访问图结构;

通过图访问整个网络的所有节点以及节点的输入与输出;

通过节点的结构,可以获取每一个操作的参数信息。

7.1.4 ONNX 模型推理

利用 onnxruntime 库实现.onnx 模型的推理,首先利用下列语句安装。

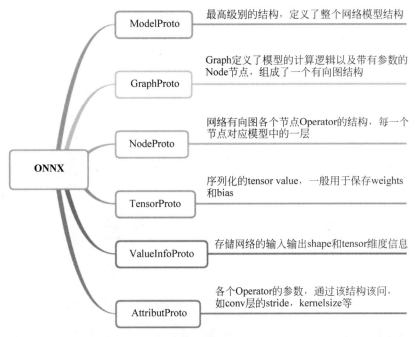

图 7-3 ONNX 主要定义的六种数据结构

（1）onnxruntime 库。

```
pip install onnxruntime          # CPU build
pip install onnxruntime-gpu      # GPU build
```

（2）导入 onnxruntime 库。

```
import onnxruntime
session = onnxruntime.InferenceSession("path to model")
```

（3）查询模型元数据、输入和输出。

```
session.get_modelmeta()
first_input_name = session.get_inputs()[0].name
first_output_name = session.get_outputs()[0].name
```

（4）推理模型并传入要返回的输出列表（如果需要所有输出，则保留为空）和输入值的映射。

```
results = session.run(["output1", "output2"], {
                      "input1": indata1, "input2": indata2})
```

其中，"output1"为输出名称，即 session.get_outputs()[0].name 得到的值，而"input1"为 session.get_inputs()[0].name 获得的值，indata1、indata2 为输入的数据。

下面同样给出两个 ONNX 模型进行推理的实例，分别为图像分类与目标检测。

1）图像分类

```
1.  # coding: utf-8
2.  import os, sys
```

```python
3.  sys.path.append(os.getcwd())
4.  import onnxruntime
5.  import onnx
6.  import cv2
7.  import torch
8.  import numpy as np
9.  import torchvision.transforms as transforms
10.
11. class ONNXModel():
12.     def __init__(self, onnx_path):
13.         """
14.         :param onnx_path:
15.         """
16.         self.onnx_session = onnxruntime.InferenceSession(onnx_path)
17.         self.input_name = self.get_input_name(self.onnx_session)
18.         self.output_name = self.get_output_name(self.onnx_session)
19.         print("input_name:{}".format(self.input_name))
20.         print("output_name:{}".format(self.output_name))
21.
22.     def get_output_name(self, onnx_session):
23.         """
24.         output_name = onnx_session.get_outputs()[0].name
25.         :param onnx_session:
26.         :return:
27.         """
28.         output_name = []
29.         for node in onnx_session.get_outputs():
30.             output_name.append(node.name)
31.         return output_name
32.
33.     def get_input_name(self, onnx_session):
34.         """
35.         input_name = onnx_session.get_inputs()[0].name
36.         :param onnx_session:
37.         :return:
38.         """
39.         input_name = []
40.         for node in onnx_session.get_inputs():
41.             input_name.append(node.name)
42.         return input_name
43.
44.     def get_input_feed(self, input_name, image_numpy):
45.         """
46.         input_feed={self.input_name: image_numpy}
47.         :param input_name:
48.         :param image_numpy:
49.         :return:
50.         """
51.         input_feed = {}
52.         for name in input_name:
```

```
53.            input_feed[name] = image_numpy
54.        return input_feed
55.
56.    def forward(self, image_numpy):
57.        input_feed = self.get_input_feed(self.input_name, image_numpy)
58.        class_score = self.onnx_session.run(self.output_name, input_feed = input_feed)
59.        # return scores, boxes
60.        return class_score
61.
62. def to_numpy(tensor):
63.     return tensor.detach().cpu().numpy() if tensor.requires_grad else tensor.cpu().numpy()
64.
65. r_model_path = "resnet.onnx"
66.
67. img = cv2.imread("giraffe.jpg")
68. img = cv2.resize(img, (224, 224), interpolation = cv2.INTER_CUBIC)
69.
70. # 对输入图像进行前处理
71. to_tensor = transforms.ToTensor()
72. img = to_tensor(img)
73. img = img.unsqueeze_(0)
74.
75. # 构建 ONNX 模型
76. rnet1 = ONNXModel(r_model_path)
77. # 通过 ONNX 模型获得输出结果
78. out = rnet1.forward(to_numpy(img))
79. print(out)
```

2）目标检测案例

```
1. session = onnxruntime.InferenceSession(onnx_path_demo)
2. print("The model expects input shape: ", session.get_inputs()[0].shape)
3. image_src = cv2.imread(image_path)    # 读取图片
4. IN_IMAGE_H = session.get_inputs()[0].shape[2]
5. IN_IMAGE_W = session.get_inputs()[0].shape[3]
6. # 图像前处理
7. resized = cv2.resize(image_src, (IN_IMAGE_W, IN_IMAGE_H), interpolation = cv2.INTER_LINEAR)
8. img_in = cv2.cvtColor(resized, cv2.COLOR_BGR2RGB)
9. img_in = np.transpose(img_in, (2, 0, 1)).astype(np.float32)
10. img_in = np.expand_dims(img_in, axis = 0)
11. img_in /= 255.0
12. print("Shape of the network input: ", img_in.shape)
13. # 用 onnx 模型前向传播
14. input_name = session.get_inputs()[0].name
15. outputs = session.run(None, {input_name: img_in})
16. # 对输出结果进行后处理
17. boxes = post_processing(img_in, 0.4, 0.6, outputs)
18. num_classes = 80
```

```
19. if num_classes == 20:
20.     namesfile = 'data/voc.names'
21. elif num_classes == 80:
22.     namesfile = 'data/coco.names'
23. else:
24.     namesfile = 'data/names'
25. class_names = load_class_names(namesfile)
26. plot_boxes_cv2(image_src, boxes[0], savename = 'predictions_onnx.jpg', class_names = class_
    names)
```

运行 onnx 模型需要两个步骤,输入图像转化,需要与模型中输入图像尺寸一致,并通过 tensor.cpu().numpy() 进行转换;用 session.run() 函数运行 onnx 模型,在这一步需要对齐输入与输出。

7.1.5 推理速度对比

我们对于 .pt 模型及 .onnx 模型进行测试,发现无论是模型的加载速度,还是模型的推理速度均有提升,例如,模型的推理速度大约提升 2.75 倍。

7.2 Intel 系列芯片部署方法

7.2.1 OpenVINO 的简介

Intel 在 AI 推理的计算硬件有 CPU、Intel GPU、Intel 神经计算棒二代(Intel Neural Compute Stick 2,NCS2)、基于 VPU 和 FPGA 的 Intel 视觉计算加速卡等,都属于低功耗工业级产品,可以集成到无风扇的工业计算机或芯片中,满足工业应用环境的要求。基于 Movidius VPU 芯片的 Intel 视觉计算加速卡根据不同芯片数量以及算力大小具备 PCIe、M.2/Key E 等多种接口,能够在边缘端加速 AI 推理计算,并且功耗极低。视觉计算加速卡与 NCS2 一样,都基于 Movidius MyriadX 芯片。不过 NCS2 是 USB3.0 接口,里面只有一个 Movidius MyriadX 芯片,而 Intel 视觉计算加速卡以板卡形态呈现,且单张视觉计算加速卡板卡上有 1 颗、2 颗和 8 颗 Movidius MyriadX 芯片,共 3 种规格可以选择。

为了解决在英特尔不同硬件平台上部署深度学习的问题,Intel 公司于 2018 年发布了统一的硬件部署的解决方案 OpenVINO(Open Visual Inference & Neural Network Optimization)。其主要特点包括高性能的深度学习推理能力,开发简单而且易于使用,一次编写便可以任意部署。它主要应用于计算机视觉、实现神经网络模型优化和推理计算加速的软件工具套件。由于其商用免费,且可以把深度学习模型部署在 Inter 的 AI 推理硬件和集成 GPU 上,大大节省了显卡费用,所以越来越多的深度学习应用都使用 OpenVINO 工具套件做深度学习模型部署。

OpenVINO 是用于快速开发应用程序和解决方案的综合工具包,包括计算机视觉、语音识别、自然语言处理、推荐系统等。该工具包包含一些常用的深度学习模型及关键模块,例如,CNN、RNN 和基于注意力机制的网络模型,从而最大限度地提高性能,加速深度学习模型的推理。它通过从边缘到云部署的高性能深度学习推理来为应用程序加速。

OpenVINO 工具包（ToolKit）主要包括两个核心组件，模型优化器（Model Optimizer）和推理引擎（Inference Engine），如图 7-4 所示。其中模型优化器作为优化神经网络模型的工具，推理引擎作为加速推理计算的软件包。

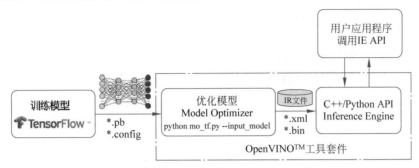

图 7-4　OpenVINO 工具包的组成

在模型优化模块中，OpenVINO 可以将 ONNX、TensorFlow、Caffe、MXNet、Kaldi 格式模型转化为标准的 Intermediate Representation（IR）模型，并对模型优化。推理引擎模块支持硬件指令集层面的深度学习模型加速运行，同时对传统的 OpenCV 图像处理库也进行了指令集优化，性能与速度显著提升。支持的硬件设备包括 CPU、GPU、FPGA、VPU。支持的操作系统包括 Windows、Linux、macOS，如图 7-5 所示。

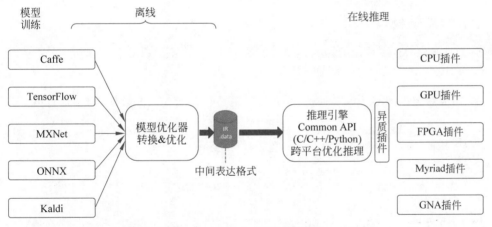

图 7-5　OpenVINO 的应用过程

OpenVINO 的优势包括以下方面。

（1）优化模型，提高性能。OpenVINO 在模型部署前，首先会对模型进行优化，模型优化器会对模型的拓扑结构进行优化，去掉不需要的层，对相同的运算进行融合、合并以加快运算效率，减少内存拷贝；FP16、INT8 量化也可以在保证精度损失很小的前提下减小模型体积，提高模型的性能。

（2）开发简单。提供了 C、C++ 和 Python 3 种语言编程接口。

（3）部署方便。在 Intel 的不同硬件平台上进行移植部署很便捷。推理引擎对不同的硬件提供统一的接口，底层实现直接调用硬件指令集的加速库，应用程序开发人员不需要关心底层的硬件实现，即可在不同的硬件平台上加速模型推理。其应用过程如图 7-5 所示。

7.2.2 OpenVINO 的安装

下面介绍在 Ubuntu 操作系统中安装和使用 OpenVINO 的过程。

1) OpenVINO 安装包下载

https://www.intel.com/content/www/us/en/developer/tools/openvino-toolkit-download.html

从以上 OpenVINO 的官方网站上下载对应版本的 OpenVINO 安装包。

2) 安装包解压后，在安装包所在目录下运行

```
1. ./install_GUI.sh                                      # 开始安装
2. ./inference_engine_samples_build                      # 安装 openvino 依赖
3. cd /opt/intel/openvino/install_dependencies
4. sudo -E ./install_openvino_dependencies.s
```

3) 修改环境变量

修改和设置环境变量

```
1. vi <user_directory>/.bashrc
2. source /opt/intel/openvino/bin/setupvars.sh
```

打开 /etc/bashrc 在最后一行加入 "source /opt/intel/openvino/bin/setupvars.sh"，然后执行 wq 命令保存设置。

4) 安装模型转换工具包

```
1. cd /opt/intel/openvino/deployment_tools/model_optimizer/install_prerequisites
2. sudo ./install_prerequisites.sh
```

5) 如果希望添加 Caffe、TensorFlow、MXNet、ONNX、Kaldi 转换工具，运行以下命令。

```
1. sudo ./install_prerequisites_caffe.sh
2. sudo ./install_prerequisites_tf.sh
3. sudo ./install_prerequisites_mxnet.sh
4. sudo ./install_prerequisites_onnx.sh
5. sudo ./install_prerequisites_kaldi.sh
```

6) 测试安装是否成功

进入示例目录：

```
1. cd /opt/intel/openvino/deployment_tools/demo
```

运行示例：

```
1. ./demo_security_barrier_camera.sh
```

当出现图片及检测识别结果时，说明安装成功了。

7.2.3 OpenVINO 工作流程

1) 运行模型优化器

如图 7-5 所示，OpenVINO 可将经过训练的 DNN 模型从其源框架转换为与 nGraph 兼

容的开源中间表示（IR）模型，再进行推理操作。模型优化模块主要适用于在 Caffe、TensorFlow、MXNet、Kaldi 和 ONNX 等流行框架中训练的 DNN 模型，在可能的情况下删除多余的图层并进行分组操作，从而形成更简单，更快的图形结果。如果希望转换的 DNN 模型中所包含的层不在受支持框架的已知层列表中时，则可以通过使用自定义图层来调整转换和优化过程。

mo.py 文件是官方给出了 IR 模型的转化工具，放在安装目录/intel/openvino/deployment_tools/下。本书给出一个 ONNX 模型转 IR 模型的例子如下。

python3 mo.py--input_model {ONNX 模型存放位置}/yolov4_1_3_608_608_static.onnx--output_dir {IR 模型输出位置}/--input_shape 输入尺寸--data_type FP32(或 FP16,INT8)

注意：如果希望进行参数量化，可以在--data_type 后面加入希望量化的数据格式。

mo.py 的转换参数介绍如下。

-input_model：为输入的训练的模型，如果使用的是 Caffe 训练的模型则应该为 XXX.Caffemodel。

-output_dir：为输出的转换后 IR 存放的路径。

-input_shape：为 DNN 模型的输入尺寸，有时网络的输入需要用户单独输入，为四维空间顺序为[N,C,H,W]，有多个输入需要设置时，需要使用逗号分开，例如，[1,3,608,608]。

-input：指定需要配置输入的哪个层的第几个参数，其格式为 port1：node_name1，后面也可以使用 port1：node_name1[shape1]，多个之间使用逗号分开。

以下为可参考的实际示例。

```
1. python3 mo.py -- input_model ~/my_project/resnet34.onnx -- output_dir ~/openvino_samples/ -- input_shape [1,3,224,224] -- data_type FP32
```

2) 推理引擎模块运行

推理引擎模块完成 IR 模型的加载和编译，对输入数据进行推理操作并输出结果。其过程可以同步或异步执行，其插件体系结构管理在多个 Intel 设备上执行编译，包括主力 CPU 以及专用的图形和视频处理平台。

```
1. from openvino.inference_engine import IECore          #导入库
2. ie = IECore()                                          #初始化
3. net = ie.read_network(model = onnx_model)              #读入 DNN 模型(ONNX 模型)
4. net = ie.read_network(model = model_xml, weights = model_bin) #读入 DNN 模型(IR 模型)
5. input_blob = next(iter(net.input_info))                #得到模型输入
6. out_blob = next(iter(net.outputs))                     #得到模型输出
7. n, c, h, w = net.input_info[input_blob].input_data.shape
8. exec_net = ie.load_network(network = net, device_name = "MYRIAD")   #将模型加载到插件，
   注意 device_name 可以为 CPU、GPU、MYRIAD
9. res = exec_net.infer(inputs = {input_blob: [image]})   #对输入数据进行推理操作
```

7.2.4 OpenVINO 推理示例

本章分别给出 OpenVINO 推理 ONNX 模型和 IR 模型的示例。这两个示例均是基于 YOLOV4 目标检测模型的。

1) 推理 ONNX 模型

```
1.  # 引用相关库
2.  import cv2
3.  import numpy as np
4.  import time
5.  import logging as log
6.  from openvino.inference_engine import IECore
7.  from tool.utils import *
8.
9.  onnx_model = "yolov4_1_3_224_224_static.onnx"    # ONNX 模型位置
10. trt_outputs = []
11. # 插件初始化
12. log.info("Creating Inference Engine")
13. ie = IECore()
14. inf_start = time.time()
15. # 读 ONNX 模型
16. net = ie.read_network(model = onnx_model)
17. load_time = time.time() - inf_start
18. print("read network time(ms) : %.3f" % (load_time * 1000))
19. log.info("Preparing input blobs")
20. input_blob = next(iter(net.input_info))
21. out_blob = next(iter(net.outputs))
22. # 输入图像
23. n, c, h, w = net.input_info[input_blob].input_data.shape
24. src = cv2.imread("dog.jpg")
25. # 将图像根据 DNN 模型尺寸裁剪及前处理
26. image = cv2.resize(src, (w, h))
27. image = np.float32(image) / 255.0
28. image = image.transpose((2, 0, 1))
29. # 将模型加载到插件
30. log.info("Loading model to the plugin")
31. start_load = time.time()
32. exec_net = ie.load_network(network = net, device_name = "MYRIAD")
33. end_load = time.time() - start_load
34. print("load time(ms) : %.3f" % (end_load * 1000))
35. # 启动同步推理
36. log.info("Starting inference in synchronous mode")
37. inf_start1 = time.time()
38. res = exec_net.infer(inputs = {input_blob: [image]})
39.     inf_end1 = time.time() - inf_start1
40. print("infer onnx as network time(ms) : %.3f" % (inf_end1 * 1000))
41. print(res['boxes'][0])
42. # 整合输出结果
43. for out in out_blob:
44.     trt_outputs.append(res[out])
45. # 后处理
46. boxes = post_processing(image, 0.4, 0.6, trt_outputs)
47. # 将处理结果图形化
48. plot_boxes_cv2(image_src, boxes[0], savename = 'predictions_openvino.jpg', class_names = class_names)
```

2）推理 IR 模型

```
1.  import time
2.  import logging as log
3.  from openvino.inference_engine import IECore
4.  from tool.utils import *
5.
6.  model_xml = "yolov4_1_3_608_608_static.xml"     # IR 模型位置
7.  model_bin = "yolov4_1_3_608_608_static.bin"     # IR 模型位置
8.  trt_outputs = []
9.  #插件初始化
10. log.info("Creating Inference Engine")
11. ie = IECore()
12. #读模型
13. inf_start = time.time()
14. net = ie.read_network(model = model_xml, weights = model_bin)
15. load_time = time.time() - inf_start
16. print("read network time(ms) : %.3f" % (load_time * 1000))
17. log.info("Preparing input blobs")
18. input_blob = next(iter(net.input_info))
19. out_blob = next(iter(net.outputs))
20. #输入图像
21. n, c, h, w = net.input_info[input_blob].input_data.shape
22. src = cv2.imread("dog.jpg")
23. image = cv2.resize(src, (w, h))
24. image = np.float32(image) / 255.0
25. image = image.transpose((2, 0, 1))
26. #Loading model to the plugin
27. log.info("Loading model to the plugin")
28. start_load = time.time()
29. exec_net = ie.load_network(network = net, num_requests = 1, device_name = "CPU")
30. end_load = time.time() - start_load
31. print("load time(ms) : %.3f" % (end_load * 1000))
32. #Start sync inference
33. log.info("Starting inference in synchronous mode")
34. inf_start1 = time.time()
35. res = exec_net.infer(inputs = {input_blob: [image]})
36. inf_end1 = time.time() - inf_start1
37. print("infer onnx as network time(ms) : %.3f" % (inf_end1 * 1000))
38. for out in out_blob:
39.     trt_outputs.append(res[out])
40.     #后处理
41.     boxes = post_processing(image, 0.4, 0.6, trt_outputs)
42. #将处理结果图形化
43. plot_boxes_cv2(image_src, boxes[0], savename = 'predictions_openvino.jpg', class_names = class_names)
```

从以上的例子可以看出，OpenVINO 可以推理 ONNX 模型和 IR 模型，推理的结果基本相同。

7.3 NVIDIA 系列芯片部署方法

7.3.1 TensorRT 的简介

NVIDIA 在 AI 训练端的产品线非常丰富,不仅有高端的 Tesla 系列,还有消费级的 GeForce 系列,AI 推理计算端的产品包括 Jetson Nano、Jetson TX1/TX2、Jetson Xavier 等,主要以核心模块/开发板形态为主,暂没有工业级产品。NVIDIA 显卡功耗高,需要用风扇进行散热,这决定了难以将 NVIDIA 的显卡部署到有粉尘、高湿、振动等工业环境中。

TensorRT 是一个高性能的深度学习推理优化器,由 NVIDIA 公司开发,可以为深度学习应用提供低延迟、高吞吐率的部署推理。TensorRT 可用于对超大规模数据中心、嵌入式平台或自动驾驶平台进行推理加速。

TensorRT 是一个 C++ 库,从 TensorRT 3 开始提供 C++ API 和 Python API,主要用来针对 NVIDIA GPU 进行高性能推理(Inference)加速。它是将训练好的模型进行优化,也可以称为推理优化器。当网络模型训练完之后,可以将训练模型文件直接丢进 TensorRT 中,而不再需要依赖深度学习框架(Caffe、TensorFlow 等),再部署到 GPU 硬件平台上,如图 7-6 所示。

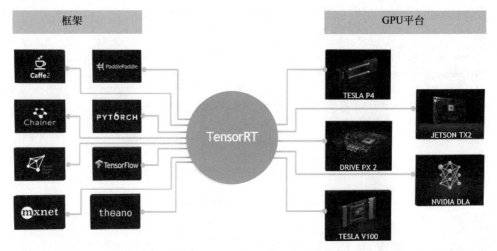

图 7-6　TensorRT 使用示例图

可以将 TensorRT 认为成一个只有推理的深度学习框架,这个框架可以将 Torch、Caffe、TensorFlow 等网络模型解析,然后与 TensorRT 中对应的层进行一一映射,转换到 TensorRT 中,然后在 TensorRT 中可以针对 NVIDIA 的 GPU 实施优化策略,并进行部署加速。目前,对于 Caffe 和 TensorFlow 来说,TensorRT 可以直接解析他们的网络模型,而对于 Caffe2、PyTorch、MXNet、CNTK 等框架则是首先要将模型转为 ONNX 的通用深度学习模型,然后对 ONNX 模型做解析。

目前 TensorRT 支持比较经典的层有卷积、反卷积、全连接、RNN、Softmax 等,对于这些层,TensorRT 是可以直接解析的。对于自定义的层 TensorRT 中有一个 Plugin 层,这个层提供了 API 可以由用户自己定义 TensorRT 不支持的层。

TensorRT 优化方法主要包括以下几种。

1) 层间融合或张量融合(Layer & Tensor Fusion)

图 7-7(a)是 GoogLeNet Inception 模块的计算图。结构中有很多层,在部署模型推理时,每一层的运算操作都是由 GPU 完成的,但实际上 GPU 是通过启动不同的 CUDA (Compute Unified Device Architecture)核心来完成计算的,CUDA 核心计算张量的速度是很快的,但是往往大量的时间是浪费在 CUDA 核心的启动和对每一层输入/输出张量的读写操作上面,这造成了内存带宽的瓶颈和 GPU 资源的浪费。TensorRT 通过对层间的横向或纵向合并(合并后的结构称为 CBR,Convolution,Bias,and ReLU layers are fused to form a single layer),使得层的数量大大减少。横向合并可以把卷积、偏置和激活层合并成一个 CBR 结构,只占用一个 CUDA 核心。纵向合并可以把结构相同,但是权值不同的层合并成一个更宽的层,也只占用一个 CUDA 核心。合并之后的计算图(图 7-7(b))的层次更少了,占用的 CUDA 核心数也少了,因此整个模型结构会更小,更快,更高效。

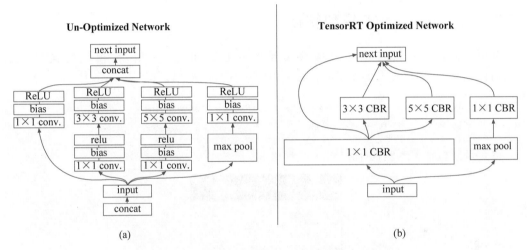

图 7-7　TensorRT 的层间融合或张量融合示例

2) 数据精度校准(Weight & Activation Precision Calibration)

大部分深度学习框架在训练神经网络时网络中的张量(Tensor)都是 32 位浮点数的精度(FP32),一旦网络训练完成,在部署推理的过程中由于不需要反向传播,完全可以适当降低数据精度,比如,降为 FP16 或 INT8 的精度(详见 6.2 节),进行参数量化。更低的数据精度将会使得内存占用和延迟更低,模型体积更小。TensorRT 会提供完全自动化的校准过程,会以最好的匹配性能将 FP32 精度的数据降低为 INT8 精度,最小化量化过程中的性能损失。

7.3.2　TensorRT 的安装

以下介绍在 Ubuntu 上安装 TensorRT 的例子。

安装 pycuda。

```
1. pip install pycuda
```

下载对应版本的 TensorRT。

```
1. https://developer.NVIDIA.com/NVIDIA-tensorrt-download
```

注意：请对应 cuda 与 cudnn 版本。

添加环境变量(gedit ~/.bashrc)。

```
1. export LD_LIBRARY_PATH = $ LD_LIBRARY_PATH:/home/lthpc/tensorrt_tar/TensorRT-XXX/lib
```

将 TensorRT 路径下 include 文件夹的库文件复制到 usr 目录下。

```
1. sudo cp -r ./include/* /usr/include
```

测试 TensorRT 是否安装成功。

在 Python 环境下输入 import tensorrt。

7.3.3 TensorRT 模型转换

利用 TensorRT 自带的工具完成模型的转换。如图 7-8 所示，模型转换工具在 TensorRT 的 bin 文件夹。在 Ubuntu 系统中的运行命令为

```
1. ./trtexec --onnx = < onnx_file > --explicitBatch --saveEngine = < tensorRT_engine_file >
    --workspace = < size_in_megabytes > --fp16
```

格式可以包括 FP32、FP16、INT8 几种格式。

图 7-8　TensorRT 的模型转换工具

7.3.4 部署 TensorRT 模型

由以上步骤可以将.onnx 模型转换为.trt 模型或.engine 模型格式，即 TensorRT 模型。下面介绍 TensorRT 模型的部署方法。

TensorRT 部署推理的可以通过以下几个基本步骤：

1) 按照原模型的输入输出格式，准备数据，如：输入的 shape、均值、方差，输出的 shape 等；

2) 根据第二步得到的引擎文件，利用 TensorRT Runtime 反序列化为引擎 engine；

3) 创建上下文环境 engine.create_execution_context();

4) 使用 PyCuda 的 mem_alloc 对输入输出分配 cuda 内存；

5) 创建 Stream；

6) 使用 memcpy_htod_async 将 IO 数据放入 device(一般为 GPU)；

7) 使用 context.execute_async 执行推理；

8）使用 memcpy_dtoh_async 取出结果。

根据引擎文件反序列化为 TensorRT 引擎的示例代码如下。

```
1.  def loadEngine2TensorRT(filepath):
2.      G_LOGGER = trt.Logger(trt.Logger.WARNING)
3.      #反序列化引擎
4.      with open(filepath, "rb") as f, trt.Runtime(G_LOGGER) as runtime:
5.          engine = runtime.deserialize_cuda_engine(f.read())
6.          return engine
7.  推理过程示例如下:
8.  #通过 engine 文件创建引擎
9.  engine = loadEngine2TensorRT('path_to_engine_file')
10. #准备输入输出数据
11. img = Image.open('XXX.jpg')
12. img = D.transform(img).unsqueeze(0)
13. img = img.numpy()
14. output = np.empty((1, 2), dtype = np.float32)
15. #创建上下文
16. context = engine.create_execution_context()
17. #分配内存
18. d_input = cuda.mem_alloc(1 * img.size * img.dtype.itemsize)
19. d_output = cuda.mem_alloc(1 * output.size * output.dtype.itemsize)
20. bindings = [int(d_input), int(d_output)]
21. #pycuda 操作缓冲区
22. stream = cuda.Stream()
23. #将输入数据放入 device
24. cuda.memcpy_htod_async(d_input, img, stream)
25. #执行模型
26. context.execute_async(batch_size = 1, bindings, stream.handle, None)
27. #将预测结果从缓冲区取出
28. cuda.memcpy_dtoh_async(output, d_output, stream)
29. #线程同步
30. stream.synchronize()
31. print(output)
```

我们仍然分别给出图像分类与目标检测的例子说明这个问题。

1）图像分类案例

```
1.  #分配引擎所需的所有缓冲区
2.  def allocate_buffers(engine, batch_size):
3.      inputs = []
4.      outputs = []
5.      bindings = []
6.      stream = cuda.Stream()
7.      for binding in engine:
8.
9.          size = trt.volume(engine.get_binding_shape(binding)) * batch_size
10.         dims = engine.get_binding_shape(binding)
11.
12.         # in case batch dimension is -1 (dynamic)
13.         if dims[0] < 0:
```

```python
14.            size *= -1
15.
16.        dtype = trt.nptype(engine.get_binding_dtype(binding))
17.        # 分配主机和设备缓冲区
18.        host_mem = cuda.pagelocked_empty(size, dtype)
19.        # 分配内存
20.        device_mem = cuda.mem_alloc(host_mem.nbytes)
21.        # Append the device buffer to device bindings
22.        bindings.append(int(device_mem))
23.        # Append to the appropriate list
24.        if engine.binding_is_input(binding):
25.            inputs.append(HostDeviceMem(host_mem, device_mem))
26.        else:
27.            outputs.append(HostDeviceMem(host_mem, device_mem))
28.    return inputs, outputs, bindings, stream
29. def do_inference(context, bindings, inputs, outputs, stream):
30.    # 将输入放入GPU
31.    [cuda.memcpy_htod_async(inp.device, inp.host, stream) for inp in inputs]
32.    # 运行引擎
33.    context.execute_async(bindings=bindings, stream_handle=stream.handle)
34.    # 将预测结果从GPU导出到CPU
35.    [cuda.memcpy_dtoh_async(out.host, out.device, stream) for out in outputs]
36.    stream.synchronize()
37.    # Return only the host outputs
38.    return [out.host for out in outputs]
39. with get_engine(engine_path) as engine, engine.create_execution_context() as context:
40.    buffers = allocate_buffers(engine, 1)
41.    IN_IMAGE_H, IN_IMAGE_W = image_size
42.    context.set_binding_shape(0, (1, 3, IN_IMAGE_H, IN_IMAGE_W))
43.    image_src = cv2.imread(image_path)
44.    IN_IMAGE_H, IN_IMAGE_W = image_size
45.    # Input
46.    resized = cv2.resize(image_src, (IN_IMAGE_W, IN_IMAGE_H), interpolation=cv2.INTER_LINEAR)
47.    img_in = cv2.cvtColor(resized, cv2.COLOR_BGR2RGB)
48.    img_in = np.transpose(img_in, (2, 0, 1)).astype(np.float32)
49.    img_in = np.expand_dims(img_in, axis=0)
50.    img_in /= 255.0
51.    img_in = np.ascontiguousarray(img_in)
52.    print("Shape of the network input: ", img_in.shape)
53.    # print(img_in)
54.
55.    inputs, outputs, bindings, stream = buffers
56.    print('Length of inputs: ', len(inputs))
57.    inputs[0].host = img_in
58.
59.    trt_outputs = do_inference(context, bindings=bindings, inputs=inputs, outputs=outputs, stream=stream)
```

2）目标检测案例

目标检测主函数如下。

```
1.  buffers = allocate_buffers(engine, 1)  #为输入输出分配内存
2.  IN_IMAGE_H, IN_IMAGE_W = image_size
3.  context.set_binding_shape(0, (1, 3, IN_IMAGE_H, IN_IMAGE_W))
4.  image_src = cv2.imread(image_path)
5.  num_classes = 80
6.  for i in range(2):
7.      IN_IMAGE_H, IN_IMAGE_W = image_size
8.  #输入图像
9.      resized = cv2.resize(image_src, (IN_IMAGE_W, IN_IMAGE_H), interpolation = cv2.INTER_LINEAR)
10.     img_in = cv2.cvtColor(resized, cv2.COLOR_BGR2RGB)
11.     img_in = np.transpose(img_in, (2, 0, 1)).astype(np.float32)
12.     img_in = np.expand_dims(img_in, axis = 0)
13.     img_in /= 255.0
14.     img_in = np.ascontiguousarray(img_in)  #将一个内存不连续存储的数组转换为内存连续存储的数组，使得运行速度更快
15.     print("Shape of the network input: ", img_in.shape)
16.     inputs, outputs, bindings, stream = buffers
17.     print('Length of inputs: ', len(inputs))
18.     inputs[0].host = img_in
19.     trt_outputs = do_inference(context, bindings = bindings, inputs = inputs, outputs = outputs, stream = stream)
20.     print('Len of outputs: ', len(trt_outputs))
21.     print('Len of outputs[0]: ', len(trt_outputs[0]))
22.     print('Len of outputs[1]: ', len(trt_outputs[1]))
23.
24.     trt_outputs[0] = trt_outputs[0].reshape(1, -1, 1, 4)
25.     trt_outputs[1] = trt_outputs[1].reshape(1, -1, num_classes)
26.     boxes = post_processing(img_in, 0.4, 0.6, trt_outputs)
27. if num_classes == 20:
28.     namesfile = 'data/voc.names'
29. elif num_classes == 80:
30.     namesfile = 'data/coco.names'
31. else:
32.     namesfile = 'data/names'
33.
34.     class_names = load_class_names(namesfile)
35.     plot_boxes_cv2(image_src, boxes[0], savename = 'predictions_trt.jpg', class_names = class_names)
```

7.4 本章小结

如何在 AI 芯片上完成 DNN 模型的部署，本章给出了具体的操作方法及代码示例，帮助读者迅速地完成嵌入式平台的部署。首先，介绍了开放式 DNN 的交互格式 ONNX 格

式,它是一个 DNN 模型的标准框架,可以在不同深度学习框架之间相互转化;之后,介绍了 TensorRT 和 OpenVINO 两种 DNN 推理优化器,分别由 NVIDIA 和 Intel 公司提供,用于将 DNN 模型部署在上述两个公司的硬件设备上,并给出了代码实例。

7.5 习题

1. 什么是 ONNX 模型?它的作用是什么?
2. TensorRT 是什么?它优化的原理是怎样的?如何用 TensorRT 进行推理?
3. 尝试用 ONNX 模型转换为 TensorRT 格式,并进行推理。
4. OpenVINO 是什么?它优化的原理是怎样的?如何用 OpenVINO 进行推理?
5. 尝试用 ONNX 模型转换为 OpenVINO 的 IR 格式,并进行推理。